卓越工程师培养计划

智能手机维修基础及案例分析

王　伟　姜有奇　主　编

王平均　周宝富　副主编

电子工业出版社·

Publishing House of Electronics Industry

北京·BEIJING

内 容 简 介

本书内容新颖，实用性强，内容安排合理，在讲解基础知识的基础上，结合实物分类讲解智能手机的维修：首先介绍了智能手机维修所需的基础知识，包括智能手机的结构及各功能芯片识别，维修智能手机需要的工具和耗材，电子基础元器件，看懂并学会使用电路图、点位图；接着介绍了智能手机维修所需的动手操作技巧，包括拆整机及配件，拆卸和焊接主板元器件；然后分平台讲解了智能手机维修，包括苹果手机故障维修和案例，安卓手机故障维修和案例；最后讲解了如何处理智能手机软件故障。

本书既适合作为职业院校电子产品维修课程的教材，也适合具有简单电子电路基础的人员和智能手机维修人员阅读。

图书在版编目（CIP）数据

智能手机维修基础及案例分析 / 王伟，姜有奇主编. —北京：电子工业出版社，2021.9
（卓越工程师培养计划）
ISBN 978-7-121-41885-3

Ⅰ. ①智…　Ⅱ. ①王…　②姜…　Ⅲ. ①移动电话机—维修　Ⅳ. ①TN929.53

中国版本图书馆 CIP 数据核字（2021）第 173581 号

责任编辑：刘海艳
印　　刷：北京天宇星印刷厂
装　　订：北京天宇星印刷厂
出版发行：电子工业出版社
　　　　　北京市海淀区万寿路 173 信箱　邮编　100036
开　　本：787×1 092　1/16　印张：14.75　字数：377.6 千字
版　　次：2021 年 9 月第 1 版
印　　次：2024 年 8 月第 6 次印刷
定　　价：69.00 元

凡所购买电子工业出版社图书有缺损问题，请向购买书店调换。若书店售缺，请与本社发行部联系，联系及邮购电话：（010）88254888，88258888。

质量投诉请发邮件至 zlts@phei.com.cn，盗版侵权举报请发邮件至 dbqq@phei.com.cn。

本书咨询联系方式：lhy@phei.com.cn。

前　言

　　21 世纪是智能时代，很多电子产品都在往智能方向发展。当前智能手机普及率极高，多数人有一部或者两部智能手机。智能手机不仅用于通信，还深深地融入每个人的生活中，社交、出行、消费、娱乐等都会用到智能手机。尤其近几年，各大短视频平台、购物平台的崛起，更使人们的消费方式、娱乐方式发生了非常明显的变化。智能手机用户使用智能手机的时间，已经占去平常生活总时间的四分之一或者三分之一。智能手机已经成为人们生活中不可缺少的随身终端。

　　由于智能手机越来越普及，使用的频率越来越高，且智能手机是电子产品，在使用过程中很难避免出现各种各样的问题、故障，因此智能手机维修是一个很大的市场。鉴于智能手机维修市场的广大前景，很多人加入或转行到了智能手机维修行业。

　　现在的图书市场上，虽然关于智能手机维修的书很多，但基于理论方法讲解的居多，满足不了广大维修人员快速学习、掌握智能手机维修需要的知识、实践操作的需求。

　　本书首先介绍了智能手机维修所需的基础知识，包括智能手机的结构及各功能芯片识别，维修智能手机需要的工具和耗材，电子基础元器件，看懂并学会使用电路图、点位图；接着介绍了智能手机维修所需的动手操作技巧，包括拆整机及配件，拆卸和焊接主板元器件；然后分平台讲解了智能手机维修，包括苹果手机故障维修和案例，安卓手机故障维修和案例；最后讲解了如何处理智能手机软件故障。

　　本书第 1 章～第 4 章由海南软件职业技术学院机电工程学院王伟编写，第 5 章～第 7 章由陕西机电职业技术学院电子工程学院姜有奇编写，第 8 章由海南软件职业技术学院机电工程学院王平均编写，第 9 章由海南软件职业技术学院机电工程学院周宝富编写。

目　　录

第 1 章 智能手机的结构及功能芯片识别

1.1 智能手机的结构

　　智能手机主要由屏幕、摄像头、扬声器、指纹组件、SIM 卡组件、电源、主板、外壳、FPC 软排线等组成。拆开智能手机外壳后就可以清晰地看到智能手机的组成部件，如图 1-1 所示。

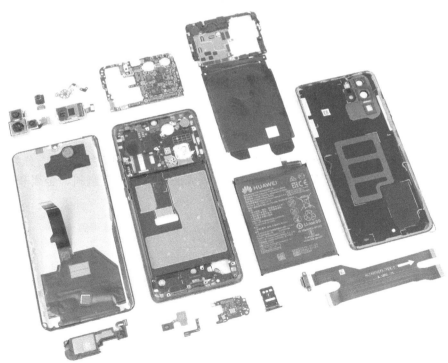

图 1-1　智能手机的组成部件

1.1.1　屏幕

智能手机的屏幕一般由显示屏和触摸屏组成，如图 1-2 所示。

（a）触摸屏　　　　　（b）显示屏

图 1-2　智能手机的屏幕

　　显示屏用于显示手机当前的工作状态，如显示图标、时间、日期、App 操作界面等。目前主流的是 OLED 显示屏（冷光屏）。OLED 显示屏自带发光体，不需要外加发光灯，在主板电路上设计比使用 LED 显示屏更简单。按显示屏大小来区分，显示屏有 5.0 英寸、6.1 英寸等的全面屏、曲面屏。

　　当前智能手机的触摸屏都是电容式触摸屏。电容式触摸屏用人体的电流感应来感知当前进行的操作动作。当电容式触摸屏感应到人体触摸的动作后，将相应的数据发送给触摸控制芯片，由触摸控制芯片处理后，经连接 FPC 软排线发送到 CPU，接着由 CPU 内部逻辑单元运算处理后，执行相应的触摸工作。

1.1.2　外壳

　　外壳是智能手机重要的组成部分，承受着外力，保护主板不容易变形，分为后壳、中框。中框（见图 1-3）用于安装显示屏、主板。后壳的常用材料有塑料、金属和玻璃。

图 1-3　智能手机的中框

1.1.3　电池

智能手机的电池（见图1-4）是一个电能储存部件。电池容量大小直接影响手机的续航时间。

目前智能手机中使用的电池以锂电池为主。锂电池的标准放电电压为3.7V，充电截止电压为 4.2V，放电截止电压为 2.7V。如果电池电压低于 2.7V，电池会进入保护状态。有些手机放几个月不用后无法开机，就是由于电池电压低于 2.7V，电池进入了保护状态，需要重新独立给电池充电来激活电池，手机才能使用。

图1-4　智能手机的电池

1.1.4　摄像头

智能手机通过摄像头（见图1-5）完成拍摄照片、视频及刷码等一系列图像输入动作。摄像头参数已经是当前用户选购智能手机的一个重要考虑因素。

智能手机一般配有前置摄像头和后置摄像头。中高端机有多个后置摄像头，比较常见的有主摄像头、超广角摄像头、长焦摄像头、3D深感摄像头、微距摄像头等。

图1-5　智能手机的摄像头

1.1.5　FPC 软排线

柔性电路板（Flexible Printed Circuit，FPC）又称软性电路板、挠性电路板，是以聚酯薄膜或聚酰亚胺为基材制成的一种具有高度可靠性、绝佳曲挠性的印刷电路板，通过在可弯曲的轻薄塑料片上嵌入电路设计，可在窄小和有限空间堆嵌大量精密元器件。

柔性电路板以质量轻、厚度薄、可自由弯曲折叠等优良特性而备受青睐。智能手机采用如图 1-6 的 FPC 软排线，通过连接座，可将摄像头、显示屏、尾插小板等连接到主板，实现各种功能组件的连接。

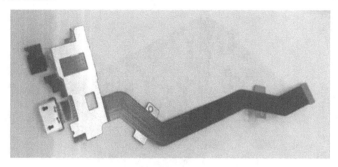

图 1-6　智能手机的 FPC 软排线

1.1.6　主板

主板是智能手机最重要的组成部分。

主板最早一般指电脑的主板，为矩形电路板，又叫主机板（mainboard）、系统板（systemboard）或母板（motherboard），是电脑最基本的，同时也是最重要的部件之一。现在，主板这个概念扩展了，指构成复杂电子系统的主电路板。

智能手机的主板是在 PCB 上安装功能芯片，以及电容、电阻、电感、接口、传感器等功能元器件的 PCBA（Printed Circuit Board Assembly），如图 1-7 所示。

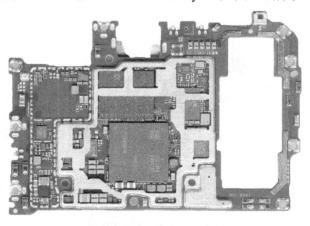

图 1-7　智能手机的主板

1.1.7　SIM 卡组件

SIM 卡组件包括 SIM 卡卡座和 SIM 卡卡托。SIM 卡卡座焊接在主板上，有触碰弹片，用于接触 SIM 卡。SIM 卡卡托如图 1-8 所示，用于在安装、固定 SIM 卡后，装入 SIM 卡卡座。现在的智能手机大多支持双 SIM 卡，卡托上有两个 SIM 卡卡位。

图 1-8　SIM 卡卡托

1.1.8　扬声器

扬声器是将电信号转换为声音的电声转换器件。智能手机的扬声器（见图 1-9）主要用于外放声音，如播放多媒体、电话免提时外放、播放来电铃声。在手机维修行业，手机的扬声器也常被称为大喇叭。扬声器损坏常会导致外放无声、来电无铃声、外放声音沙哑等。

图 1-9　智能手机的扬声器

1.1.9　听筒

听筒也是将电信号转换为声音的电声转换器件。智能手机的听筒（见图 1-10）主要用于拨打语音电话时还原声音。在手机维修行业，手机的听筒也常被称为小喇叭。听筒损坏会导致语音时听不到声音、声音沙哑等。

图 1-10　智能手机的听筒

1.1.10　指纹传感器

指纹传感器（又称指纹 Sensor）是一种传感装置，是实现指纹自动采集的关键部件。按传感原理，即指纹成像原理和技术，指纹传感器分为光学指纹传感器、半导体电容指纹传感器、半导体热敏指纹传感器、半导体压感指纹传感器、超声波指纹传感器和射频 RF 指纹传感器等。指纹传感器的制造技术是一项综合性强、技术复杂度高、制造工艺难的高新技术。智能手机的指纹传感器如图 1-11 所示。

（a）苹果手机的指纹传感器　　　　　　　　（b）安卓手机的指纹传感器

图 1-11　智能手机的指纹传感器

1.2　智能手机功能芯片识别

智能手机主要的控制部件就是主板。主板上有大量的小元器件、功能芯片和接口。

主板上的功能芯片，如 CPU、字库、暂存、电源芯片、射频芯片、Wi-Fi 芯片等，设计布局在不同的位置。在维修功能故障时，先要找出相对应的功能芯片，才能进一步维修。

本节以功能芯片在主板上的位置特点以及芯片类别进行讲解，让大家在维修时能更快速地找到功能芯片。

1.2.1　中央处理器（CPU）

中央处理器（Central Processing Unit，CPU）作为全板核心器件，用于处理全板的数据和指令，相当于人体的大脑，负责给手机其他部件发指令，是手机的控制中心。经常说的手机慢、容易死机，其实都是受到 CPU 的影响。智能手机中的 CPU 芯片根据运行平台可以分为安卓平台 CPU 和苹果平台 CPU，根据芯片品牌可以分为高通（QUALCOMM）CPU、海思麒麟（Kirin）CPU、联发科（MEDIATEK）CPU、三星（SAMSUNG）CPU 和苹果 A 系列 CPU（如 A13），如图 1-12 所示。

（a）高通 CPU

（b）海思麒麟 CPU

（c）联发科 CPU

（d）三星 CPU

（e）苹果 A 系列 CPU

图 1-12　CPU

1.2.2　暂存芯片

暂存也就是手机里面的运行内存，为随机存取存储器（Random Access Memory，RAM），用于暂时存放 CPU 中的运算数据，以及与硬盘等外部存储器交换的数据。所有程序的运行都在暂存中进行，在关闭手机电源后，暂存内部的信息将不再保存，再次开机需要重新装入。

手机使用的内存基本上都是 DDR SDRAM（Double Data Rate Synchronous Dynamic Random Access Memory，双倍数据率同步动态随机存取存储器）。内存大小会影响系统运行速度。智能手机常见的运行内存有 6GB、8GB、12GB。维修中常见的暂存芯片有三星暂存（表面字母为 SEC）、海力士暂存（表面字母为 SK）、镁光暂存（表面字母为 M），如图 1-13 所示。

（a）三星暂存

（b）海力士暂存

（c）镁光暂存

图 1-13　暂存芯片

1.2.3 硬盘/字库

智能手机的硬盘是只读存储器（Read Only Memory，ROM）。一般用硬盘存储固定的手机系统、软件和字库等。关闭手机电源后，硬盘内在的信息仍旧保存。

字库是固化在硬件芯片里的软件。在功能机时代，很多手机程序、控制信息、字库信息是存储在一个专用芯片里面的，芯片中的主要部分是字库，所以一些售后和维修人员就习惯把这个存储芯片称作字库芯片。

当前智能手机中常见的字库品牌有三星（SEC）、闪迪（SanDisk）、镁光（M）、海力士（SKhynix）、东芝（TH+字母数字混合后缀）。硬盘实物图如图 1-14 所示。

（a）三星硬盘　　　　　　（b）闪迪硬盘　　　　　　（c）镁光硬盘

（d）海力士硬盘　　　　　　（e）东芝硬盘

图 1-14　硬盘实物图

1.2.4 电源管理单元（PMU）

电源管理单元（Power Management Unit，PMU）负责将电池提供的 4V 电压转换为主供电电压或者其他 BUCK、LDO 电压，给手机的 CPU、暂存、字库、射频芯片、摄像头、Wi-Fi 芯片等提供工作所需要的供电电压。

智能手机中的电源管理单元是一个电源管理芯片（见图 1-15），内部集成了 BUCK、LDO 两种供电电路。

BUCK 降压式变换电路由电子开关管、电感、滤波电容构成。电子开关管一般集成在电源芯片内部，电感、滤波电容在电源芯片周围，所以在电源芯片周围的大电感就是 BUCK 供电输出电感。BUCK 降压电路提供的供电电流比较大，用于给手机的 CPU、运行内存提供工作电压。而在手机图纸中供电电压名字带 BUCK、S 的，表示此供电电压是 BUCK 由电路输出大电流的供电电压，例如图 1-16 中的 VREG_S4A_1P8 供电电压。

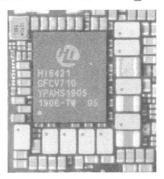

图 1-15　电源管理芯片

LDO（low dropout regulator，低压差线性稳压器）降压变换电路输出的供电电流相对于 BUCK 方式输出得要小，常俗称为小电流供电。手机供电电压名字中带 L、LDO（华为手机中带 VOUT）的，说明此供电电压是小电流供电电压，例如图 1-17 中的 VREG_L8V_1P8 供电电压。

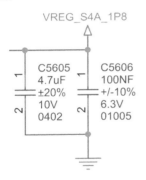

图 1-16　BUCK 供电电压

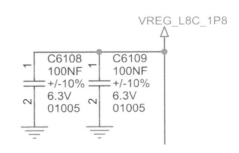

图 1-17　LDO 供电电压

电源管理芯片输出几十路供电电压，每一路供电电压都带滤波电容，在实物中，电源管理芯片由大量的电容和大电感包围，如图 1-18 所示。

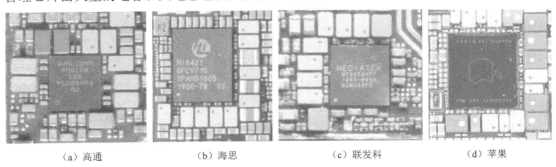

（a）高通　　　　　　（b）海思　　　　　　（c）联发科　　　　　　（d）苹果

图 1-18　部分品牌电源管理芯片及其周围的电容

9

基带电源管理是为基带供电的模块。安卓手机大部分由主电源提供。苹果手机有单独的基带供电芯片，如图 1-19 所示。

图 1-19　苹果手机的基带供电芯片

1.2.5　充电芯片

充电芯片，顾名思义，就是接充电线时负责给手机供电和电池充电的芯片。手机的充电芯片在不接充电线时，还负责将电池供电转换为主供电。如果充电芯片有问题，就会导致手机不充电、不开机等故障。目前主流的高通平台、海思平台、联发科平台、苹果 A 系列平台的手机内部都有充电芯片，常见的有高通的 PM 系列、海思的 Hi 系列、德州仪器的 BQ 系列等，如图 1-20 所示。

（a）高通充电芯片　　　　（b）海思充电芯片　　　　（c）德州仪器充电芯片　　　　（d）苹果手机充电芯片

图 1-20　充电芯片

在主板上，充电芯片带一个大储能电感，并且大部分设计在 SIM 卡卡座边上，能更好地利于散热。

1.2.6　显示芯片

显示芯片又称显示电源，主要给手机的显示屏供电，让显示屏正常工作。目前市场上显示屏分为 LED 背光屏和 OLED 冷光屏两大类。

LED 背光屏上有专门提供光线的背光组，相应在主板上就会有背光供电模块，所以使用 LED 背光屏的手机在主板上有显示供电芯片和背光供电芯片两部分。

LED 显示芯片（见图 1-21）主要将主板上的 4V 主供电电压转换产生+5V、-5V 两路供电电压给显示屏。主板上的 LED 显示芯片一般在显示接口边上，外形为长方形，边上有储能大电感，常用的有表面代码为 TPS65132 和 GR 的芯片。

　　主板上的 LED 背光芯片（见图 1-22）大多靠近显示座，采用小芯片，边上有大储能电感和二极管（又称背光三件套），常见的是表面代码为 D8D9、AL62 的芯片。

图 1-21　LED 显示芯片　　　　　　　　　　图 1-22　LED 背光芯片

　　OLED 显示屏由于自带发光体，不需要独立背光组，所示在主板上只有一个显示芯片给 OLED 显示屏提供 AVDD（7.6V）、ELVDD（4.6V）、ELVSS（-4V）三路显示供电电压。

　　主板上的 OLED 显示芯片一般由三个大储能电感包围。一种 OLED 显示芯片是采用 QFN 封装的 16 脚正方形芯片，在芯片表面刻写 PF31、32B、DOS04 等代码。图 1-23（a）所示为表面刻写 PF31 代码的 OLED 显示芯片。另一种 OLED 显示芯片是 BGA 封装的长方形芯片，在芯片表面刻写 TPS65633、TPS65634 等芯片型号。图 1-23（b）所示为表面刻写 TPS65634 型号的 OLED 显示芯片。

（a）　　　　　　　　　　　　　　　　　　（b）

图 1-23　OLED 显示芯片

1.2.7　音频芯片

音频芯片主要用于处理音频信号，负责扬声器、麦克风、听筒等声音信号的处理。苹果手机有单独的音频芯片。对于安卓手机,高通平台、海思平台设计有独立充电芯片。高通平台的音频芯片型号以 WCD 开头。海思平台的音频芯片型号以 Hi 开头。联发科平台的手机,大部分音频芯片集成在电源管理芯片内部。常见的音频芯片如图 1-24 所示。

(a)苹果音频芯片   (b)高通音频芯片   (c)海思音频芯片

图 1-24 常见的音频芯片

1.2.8 音频功放芯片

音频功放芯片也称铃声放大芯片、小音频,用于将外放声音进行功率放大发送给扬声器,还原声音、来电铃声。音频功放芯片是小芯片,一般设计在主板上,由大电感、大电容、两个黑色保险电阻包围,如图 1-25 所示。也有部分手机,音频功放芯片设计在尾插小板上。

图 1-25 音频功放芯片

1.2.9 Wi-Fi 芯片

Wi-Fi 俗称无线宽带、无线网络。Wi-Fi 热点指能发射 Wi-Fi 信号的设备。无线路由器、无线网桥等网络设备都可以称作 Wi-Fi 热点。蓝牙是一种支持设备短距离通信(一般在 10m 内)的无线电技术。智能手机中 Wi-Fi 和蓝牙、FM 收音机、GPS 集成在一个芯片内部,常称该芯片为 Wi-Fi 芯片。

在主板上,Wi-Fi 芯片的周围有白色滤波器、天线触点弹片。Wi-Fi 芯片有问题会导致

Wi-Fi 功能打不开，或者 Wi-Fi 功能打开后连接不上热点等故障。智能手机中常见的 Wi-Fi 芯片如图 1-26 所示。

（a）高通 Wi-Fi 芯片　　（b）华为海思 Wi-Fi 芯片　　（c）联发科 Wi-Fi 芯片　　（d）苹果 Wi-Fi 芯片

图 1-26　常见的 Wi-Fi 芯片

1.2.10　基带芯片

基带（Base Band，BB）芯片也叫基带 CPU。基带芯片负责合成即将发射的基带信号或对接收到的基带信号进行解码：发射时，把音频信号、文字信息、图片信息编译成用来发射的基带码；接收时，把收到的基带码解释为音频信号、文字信息、图片信息。

基带芯片内部包括基带 CPU、信道编码器、数字信号处理器、调制/解调器和接口模块等。基带芯片的射频部分电路用于控制和管理，包括定时控制、数字系统控制、射频控制、省电控制和人机接口控制等。

安卓手机的基带集成在 CPU 里面，苹果手机前期主要使用高通基带芯片，从 iPhone 7 开始引入英特尔基带芯片。基带芯片如图 1-27 所示。

（a）英特尔基带芯片　　　　　　　（b）高通基带芯片

图 1-27　基带芯片

1.2.11　射频芯片

射频（Radio Frequency，RF）芯片也称中频芯片，用于将无线电信号通信转换成一定频段的无线电信号。在智能手机中，射频芯片主要负责信号的接收、发送、频率合成等。射频芯片内部包括接收通道和发射通道两大部分。射频芯片的一个接收通道支持相邻的多个频段和多种模式。

智能手机中的射频芯片与平台配套使用：高通平台的有 WTR 系列和 SDR 系列射频芯片，如 SDR8150；海思平台的有 Hi 系列，如 Hi6353 是华为手机中常用的射频芯片；联发科平台的芯片表面标注 MEDIATEK，型号以 MT 开头，如 MT6190W。射频芯片如图 1-28 所示。

（a）高通射频芯片　　　　　　　（b）海思射频芯片　　　　　　　（c）联发科射频芯片

图 1-28　射频芯片

1.2.12　射频功放芯片

射频功率放大器（RF PA）是发射系统的主要部分。功率放大器常简称为功放。在射频发射的前级电路中，射频调制电路所产生的射频信号功率很小，需要经过一系列的放大并获得足够大的射频功率以后，才能送到天线上辐射出去，所以必须采用功放对射频信号进行功率放大。

全网通手机支持的频段非常多，所以一台手机会设计有多个射频功放芯片，常见的两个是主功放和副功放。主功放一般是长方形的。副功放一般是正方形的，比较靠近天线接口。副功放又被称为天线开关。主功放和副功放一般在表面有非常明显的标注，常见的表示有"√√""××"的符号，如图 1-29 所示。

（a）长方形的主功放　　　　　　　　　　　　（b）正方形的副功放

图 1-29　射频功放芯片

1.2.13　指南针芯片

指南针芯片（见图 1-30）是利用地球磁场的原理来工作的部件。指南针是一种重要的导航工具，能够实时提供手机移动的方向，与手机上的加速器配合导航，对 GPS 信号进行有效补偿，做到"丢星不丢向"，以指示当前方向。

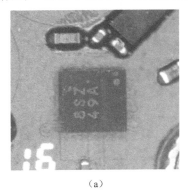 

（a）　　　　　　　　　　　　　　　　　（b）

图 1-30　指南针芯片

1.2.14　陀螺仪芯片

陀螺仪是利用高速回转体的动量矩敏感壳体相对惯性空间绕正交于自转轴的一个或两个轴的角运动检测装置。

陀螺仪可以和手机上的指南针配合工作进行导航，还可以和手机上的摄像头配合使用来防抖等。陀螺仪芯片如图 1-31 所示。

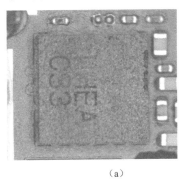 

（a）　　　　　　　　　　　　　　　　　（b）

图 1-31　陀螺仪芯片

1.2.15　气压传感器

气压传感器是一种对气压强弱敏感的部件。

当手机处于不同海拔高度时，由于空气压力降低或升高，气压传感器测量并采集到相应的大气压数据后，将数据传给 CPU，CPU 根据气压值算出海拔高度。气压传感器如图 1-32 所示。

图1-32　气压传感器

1.2.16　NFC 芯片

　　近场通信（Near Field Communication，NFC）又称近距离无线通信，是一种短距离的高频无线通信技术。NFC 技术使电子设备之间在距离 20cm 内，可以进行非接触式点对点数据传输、数据交换。NFC 技术由免接触式射频识别（RFID）演变而来，由飞利浦和索尼共同研制开发，其基础是 RFID 及互联技术。

　　使用 NFC 技术的设备可以在彼此靠近的情况下进行数据交换，通过在单一芯片上集成感应式读卡器、感应式卡片和点对点通信的功能，利用移动终端实现移动支付、电子票务、门禁、移动身份识别、防伪等应用。

　　目前市面上的大部分智能手机均支持 NFC 功能。NFC 芯片如图 1-33 所示。

图1-33　NFC 芯片

1.2.17　麦克风

　　手机最重要的功能就是语音传送。要通过手机将自己的声音传送给对方，先由手机的麦克风收集声音信号，再经音频芯片、CPU 处理后，由射频电路发送给基站，通过基站传送给对方。如果麦克风损坏，会导致无送话、录音无声故障。

　　手机中的麦克风在外形上像铁壳一样，至少有两个麦克风，分别是主麦克和副麦克风。主麦克风一般在尾插小板上，如图 1-34 所示。副麦克风一般在大主板顶部中间位置，如图 1-35 所示。

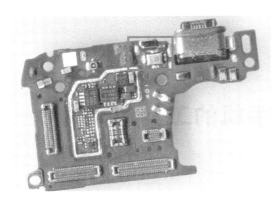

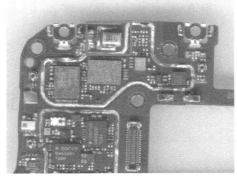

图 1-34　主麦克风　　　　　　　　　　　　图 1-35　副麦克风

第 2 章　维修智能手机的工具和耗材

本章主要讲解在智能手机维修中常用的工具和耗材。

拆装工具有螺丝刀、刀片及辅助撬片、真空吸盘、显示屏分离机、镊子、其他辅助拆装工具等。

测量工具有直流稳压电源、数字万用表、示波器和软件维修仪等。

焊接工具有热风枪、防静电电烙铁、主板焊接夹具、芯片植锡工具等。

焊接耗材有焊锡丝、焊膏和助焊剂等。

2.1　拆装工具

智能手机设计了防水功能，所以手机外壳等都是密封的，在维修手机时，就需要用到专用的拆机工具才能拆开手机。本节主要介绍常用的手机拆装工具。

2.1.1　螺丝刀

手机维修常用的螺丝刀有十字、中板、五星 0.8、Y 字 0.6、六角 T1 和六角 T2 等，如图 2-1 所示。

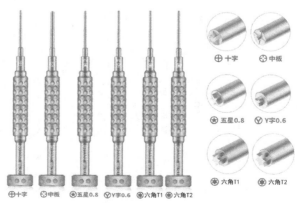

图 2-1　手机维修常用的螺丝刀

将手机放在维修桌面上，选择合适的刀头，螺丝刀垂直于手机，用力轻轻往下按，防止滑丝。如果螺丝刀刀头是不具有磁性的，则还要用镊子将螺丝夹出。

十字：用于拆卸手机内部十字螺丝。

中板：用于拆卸苹果手机内部特殊定制螺丝，目前安卓部分机型也采用此类螺丝。

五星 0.8：用于拆卸苹果全系列手机尾插螺丝。

Y 字 0.6：用于拆卸苹果手机线固定铁片螺丝。

六角 T1 和六角 T2：用于拆卸安卓部分机型尾插螺丝。

2.1.2　刀片及辅助撬片

拆手机常用的刀片是单面安全刀片，常用的辅助撬片是拆机片。

1. 单面安全刀片

单面安全刀片（见图 2-2）用于在拆卸手机前撬松后壳或者屏幕，使其开缝。

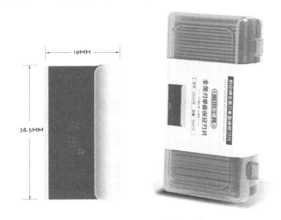

图 2-2　单面安全刀片

2. 拆机片

拆机片（见图 2-3）便于拆开手机屏幕及手机后壳。用拆机片划动屏幕边缘或后壳的胶，使胶松动后便于拆除。拆机片弯折不变形，韧性十足，可重复多次使用。

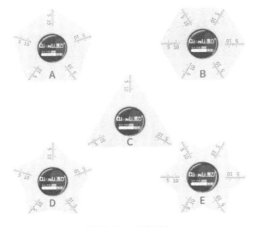

图 2-3　拆机片

2.1.3 真空吸盘

真空吸盘（见图 2-4）用于吸附手机、平板电脑等的屏幕或后壳，拉出一条缝隙以便于观察内部结构，防止直接拆开屏幕或后壳而弄断排线。

真空吸盘使用方便，操作简单，有利于保护元器件，是拆屏的好帮手。

图 2-4　真空吸盘

2.1.4 显示屏分离机

显示屏分离机（见图 2-5）具有加热和吸附两个功能。维修手机时遇到屏幕外屏损坏，但是内屏显示正常时，可以把损坏的屏幕拆下放到分离机上，打开加热和真空吸附功能，固定住屏幕后，采用金刚丝将内外屏分离。

分离机还可以用于拆装新款手机的后壳。目前市面上新款手机大多采用双面胶把后壳和机身粘到一起，直接拆难度很大。把将要拆装的手机放到分离机上加热一会，软化双面胶之后再拆卸，就会轻松很多。

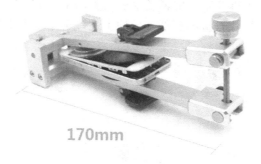

170mm

图 2-5　显示屏分离机

2.1.5 镊子

在拆装手机时，镊子用来夹取螺丝、撬开手机的相连排线。维修手机主板时，镊子用来夹取手机主板上的电容、电阻、芯片等元器件。

手机维修中使用的镊子主要为防静电镊子。这种镊子采用碳纤与特殊塑料混合制成，弹性好，经久耐用，不掉灰，耐酸碱，耐高温，如图 2-6 所示。

图 2-6　镊子

2.1.6　其他辅助拆装工具

1．防静电撬棒

防静电撬棒（见图 2-7）用于拆卸手机内部各种连接排线。防静电撬棒一端为尖头或扁平头两种；另一端像螺丝刀刀口并带有一个凹槽，可用于检查和整理线路，撬取零部件，可用作电线拔具。防静电撬棒硬度适中，不会对零部件造成刮伤。

图 2-7　防静电撬棒

2．拆屏宝

拆屏宝（见图 2-8）就是拆屏加热板，采用最新柔性发热材料，加热比热风枪更均匀，使胶面迅速软化，可更加安全方便地拆卸屏幕，大大降低拆碎屏幕的概率，拆机换屏效率更高。

温控器方面，设计了一套比较现代化、先进的电路，使加热的过程更加智能化，同时能更好地掌握维修的进程、温度、时间等数据。

拆屏宝适用范围广，适用性强，可适用于 iPad，以及苹果、小米、华为、三星等小屏幕和大屏幕手机。

图 2-8　拆屏宝

3．取卡针

取卡针（见图 2-9）是现在部分高端手机配备的一种取卡工具。通常，现在高端手机的电池都无法拆卸，使用的是比普通 SIM 卡更小的 micro SIM 卡、nano SIM 卡等，卡槽通常位于机身侧面，并留有为取卡而设计的孔状开关（开锁孔）。这种开锁孔设计类似于电脑光驱的应急取碟孔。

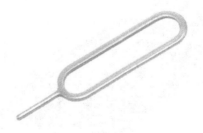

图 2-9　取卡针

2.2　测量工具

在维修智能手机时，测量工具主要是在检测主板上的故障时使用，常用的有直流稳压电源、万用表、示波器、软件维修仪等。

掌握并精通测量工具的使用能加快主板的维修速度，提高维修的准确率。

2.2.1　直流稳压电源

直流稳压电源用于在维修时给手机主板供电，可以任意调整 0～30V 电压、0～5A 电流，分为数字型直流稳压电源和指针型直流稳压电源。

1．数字型直流稳压电源

数字型直流稳压电源（见图 2-10）为数字显示，维修时观察数据更直观。

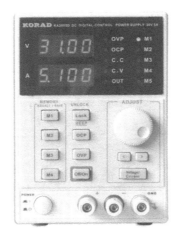

图 2-10　数字型直流稳压电源

2．指针型直流稳压电源

指针型直流稳压电源（见图 2-11）用指针显示当前工作电压和电流。现在仍有部分手机维修从业者喜欢选用指针型直流稳压电源。

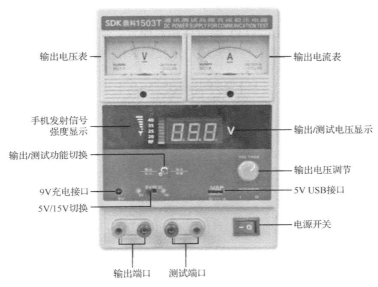

图 2-11　指针型直流稳压电源

2.2.2　数字万用表

数字万用表用于在维修手机时测量电路通、断和元器件好坏。手机维修中，常用的数字万用表有自动量程数字万用表和手动量程数字万用表。

1. 自动量程数字万用表

使用自动量程数字万用表（见图 2-12）时，选择好相应挡位后，量程自动切换，无需手动选择量程，减少转盘转动次数。

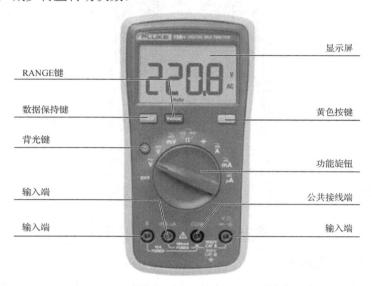

RANGE键

数据保持键

背光键

输入端

输入端

显示屏

黄色按键

功能旋钮

公共接线端

输入端

图 2-12　自动量程数字万用表

2. 手动量程数字万用表

手动量程数字万用表（见图 2-13）的价格相对便宜。使用手动量程数字万用表时，量程切换比使用自动量程数字万用表相对繁琐，量程切换错误会造成故障误判。

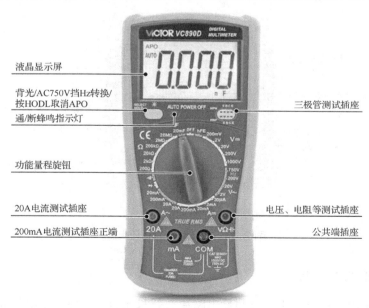

液晶显示屏

背光/AC750V挡Hz转换/
按HODL取消APO

通/断蜂鸣指示灯

功能量程旋钮

20A电流测试插座

200mA电流测试插座正端

三极管测试插座

电压、电阻等测试插座

公共端插座

图 2-13　手动量程数字万用表

2.2.3　示波器

示波器（见图 2-14）用于测量手机中所有的低频信号波形、电平，以及捕捉微小的信号变化。手机中的信号均为脉冲波，是用万用表测不到的，只能用示波器测。在示波器的面板上标注了最大频率带宽度。手机维修行业一般选择最大频率带宽度为 100MHz 的。

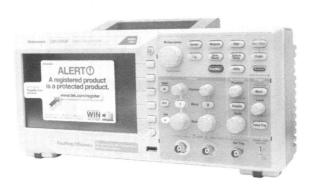

图 2-14　示波器

2.2.4　软件维修仪

1. 硬盘测试架

硬盘测试架（见图 2-15）用于测试苹果手机的硬盘，可读/写、修复厂家的底层预制文件，排除因为底层预制文件导致的手机软件故障。

图 2-15　硬盘测试架

2. 安卓字库修复仪

安卓字库修复仪（见图 2-16）用于测试安卓手机的字库，可读/写、修复各种安卓手机字库的出厂底层预制文件，排除因底层预制文件损坏导致的手机软件故障。

25

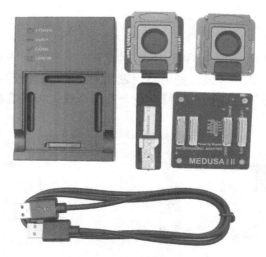

图 2-16　安卓字库修复仪

2.3　焊接工具和焊接耗材

维修智能手机，除常见的更换显示屏、外壳、电池等配件外，还要维修主板故障。因为主板上有很多高精密的集成芯片、分立元器件等，所以维修主板属于智能手机维修中的高级维修工程。要在维修时更换手机主板上的分立元器件、芯片，就需要熟练地使用焊接工具拆卸和安装分立元器件及芯片。本节介绍智能手机维修中常用的焊接工具和焊接耗材。

2.3.1　热风枪

在维修行业，热风枪常简称为风枪。

1. 直风热风枪

直风热风枪（见图 2-17）的管子比较粗，里面有气泵，特点是风速高、升温快，吹出来的热量也大一些，常用于拆卸小电阻、小电容和无胶芯片等。

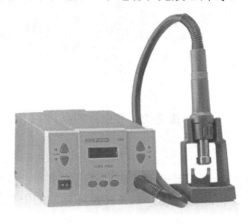

图 2-17　直风热风枪

2. 旋转风热风枪

旋转风热风枪（见图 2-18）风速小，吹出来的风比较柔和，常用于拆卸塑胶内联座和大尺寸带胶芯片等。

图 2-18 旋转风热风枪

2.3.2 防静电电烙铁

与普通电烙铁相比，防静电电烙铁（见图 2-19）可以有效防止静电导致电子元器件损坏，具有可调温、恒温等功能，主要用于飞线、清理主板和芯片残留焊锡等。

图 2-19 防静电电烙铁

2.3.3　主板焊接夹具

在手机维修行业，主板焊接夹具（见图 2-20）也常简称为主板夹具或夹具，主要用于固定主板，焊接时保证主板平整度。最早的主板焊接夹具是从工厂返修部门流传到维修市场上的。夹具有很多种。iPhone 的主板基本上都有专用型号夹具。由于安卓手机的主板种类众多，所以市面上多采用可以任意调整尺寸的万能夹具。

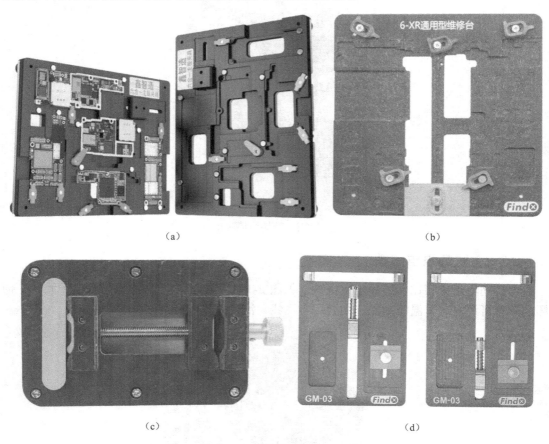

（a）　　　　　　　　　　　　　　　　　（b）

（c）　　　　　　　　　　　　　　　　　（d）

图 2-20　主板焊接夹具

2.3.4　芯片植锡工具

1. 植锡板

植锡板（见图 2-21）也叫植锡钢网，用于给主板上拆下来的良品芯片植锡。直接拆下来的芯片，其下面的锡珠是不均匀的，要重新拖平之后，用植锡板重新植上大小均匀、颗粒饱满的焊锡。

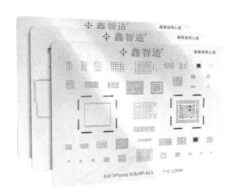

图 2-21　植锡板

2．除胶台

除胶台（见图 2-22）用于加热芯片，软化带胶芯片表面残留的黑胶。高温状态的黑胶比较容易清理，不会因为除胶导致芯片掉点、露铜等。

图 2-22　除胶台

3．撬刀、刮刀

撬刀、刮刀（见图 2-23）用于拆卸带胶芯片，刮除芯片表面残留的黑胶。

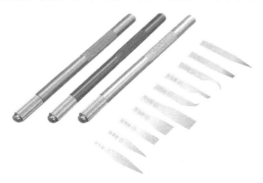

图 2-23　撬刀、刮刀

4．毛刷

毛刷（见图 2-24）用于清洁钢网、主板上的残留物，以便更好地植锡和焊接，是手机维修时必不可缺的小工具。

图 2-24　毛刷

2.3.5　焊锡丝、焊膏分类及介绍

1．焊锡丝

焊锡丝（常简称锡丝）分为高温锡丝、中温锡丝、低温锡丝三种。手机维修时都是用中温锡丝和低温锡丝两种。

高温锡丝一般为锡-银-铜合金，熔点为 217℃左右，多用于工厂生产或者返修。

中温锡丝（见图 2-25）为锡-铅合金，熔点为 183℃，多用于常规返修。

低温锡丝（见图 2-26）为锡-铋合金，熔点为 138℃，多用于处理主板上焊点残留的原厂高温焊锡，中和后易于处理，减轻高温对主板的损伤。

图 2-25　中温锡丝

图 2-26　低温锡丝

2．锡浆

锡浆（见图 2-27）的内部成分与焊锡丝一样，同样也分为高、中、低温三种，但锡浆用于芯片焊点植锡。高温锡浆用于工厂生产使用。中温锡浆多用于返修。低温锡浆多用于返修时中和主板和芯片上的残留焊锡，方便焊接。

图 2-27　锡浆

2.3.6　助焊剂分类及介绍

在焊接过程中，能净化焊接金属和焊接表面，辅助焊接的物质被称为助焊剂。随着 SMT 技术的广泛应用以及贴片元器件的普遍应用，助焊剂越来越成为电子组装中不可或缺的物料。助焊剂无卤素，高绝缘性，返修时使用助焊剂，不会造成焊点腐蚀氧化。

1. 松香

松香（见图 2-28）多用于查找主板上短路发热点。松香实际就是一种助焊剂，但是因为现在有很多专用助焊剂，所以常说的助焊剂不包括松香。优质的松香可以替代助焊剂使用，但是操作起来会比较麻烦。

图 2-28　松香

2. 普通助焊膏

普通助焊膏（见图 2-29）的腐蚀性较大，有一定的导电性，适用于焊点比较大的电子产品返修使用，如电磁炉、洗衣机等，不适合手机返修使用。

图 2-29　普通助焊膏

31

3. BGA 专用助焊膏

BGA 专用助焊膏（见图 2-30）广泛应用于 BGA 芯片植球、补球、封装、回焊等焊接操作，分有铅用和无铅用助焊膏。

图 2-30　BGA 专用助焊膏

常见的 BGA 助焊膏为乳白色或者微黄色膏体，是成型剂、有机酸、合成酸、酸抑制剂、稳定剂稠剂、触变剂、表面活性剂、树脂、高沸点溶剂的混合体，为弱酸性，通常为 100g/瓶或 10ml/支包装，具有一定黏度、高阻抗，免清洗。

第 3 章　电子元器件基础

智能手机的主板上组装了大量分立元器件和集成电路芯片。分立元器件辅助集成电路芯片完成各项控制，实现手机的开/关机以及各项应用功能。分立元器件损坏会导致手机主板无法正常工作，从而引起手机出现各种功能故障。所以，在维修手机主板时，测量、判断分立元器件好坏也是一项很重要的技能。本章主要讲解手机主板中常用分立元器件的应用、测量及好坏判断。

3.1　电感

3.1.1　电感介绍

电感器（电感线圈）是用绝缘导线（例如漆包线、纱包线等）绕制而成的电磁感应元件，是一种能在磁场中储存能量的元件，也是电子电路中的常用元件之一。

电感的作用为通低频信号、隔高频信号、通直流电压、隔交流电压。这一特性刚好与电容相反，并且流过电感中的电流是不能突变的。

电感用字母"L"表示，如 L1603 表示编号为 1603 的电感。电感也起熔断作用，熔断电感（因为手机维修行业内更习惯称"保险电感"，下文均用"保险电感"）用 FB 表示。

电感的单位是亨利（H），简称亨，常用单位有毫亨（mH）、微亨（μH）。电感单位的换算如下：

$$1H=1000mH \qquad\qquad 1mH=1000\mu H$$

电感的主要参数是电感量、尺寸等。

电感的电路图形符号和参数如图 3-1 所示。

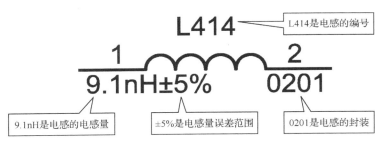

图 3-1　电感的电路图形符号和参数

　　智能手机中常用的电感为贴片电感（见图 3-2），没有正负极之分。贴片电感一般表面无标示值，外观颜色为浅灰色、黑色或水泥色。

　　（a）普通贴片电感　　　　　　　　　　　　（b）水泥贴片电感

图 3-2　贴片电感

3.1.2　电感的特性与应用

1. 电感的特性

（1）通直流、阻交流

　　电流通过电感时，电感周围就会产生磁场。因为交流电的电流是不断变化的，所以产生的磁场也会强弱变化。电感本身就在自己产生的磁场中，相当于切割了自己产生的磁感线，就会产生感应电压。且感应电压的方向与电流的变化趋势相反，从而阻碍了电流的变化。在电感的两端通上直流电，电感的周围也会产生磁场，但直流电流的大小和方向都没有变化，产生的磁场也是恒定的。因此，电感不会切割磁感线，也就不会产生感应电压。线圈本身的电阻很小，对电流的阻碍作用可以忽略不计。

（2）电感中电流不能突变

　　流过线圈的电流大小发生变化时，线圈会产生一个感应电压，感应电压总是阻碍电路中原来电流变化的。当电流增大时，感应电压的方向与原来电流的方向相反；当电流减小时，感应电压的方向与原来的电流方向相同。这里要特别注意"阻碍"不是"阻止"。"阻碍"其实是"延缓"，使回路中原来的电流变化得缓慢一些。

2. 电感在智能手机中的应用

　　在智能手机中，电感主要起到滤波、储能、升压、熔断等功能，如图 3-3 所示。

　　（a）滤波电感　　　　　　　（b）储能、升压电感　　　　　　　（c）保险电感

图 3-3　电感在智能手机中的应用

3.1.3　电感的检测方法

在维修智能手机时，先通过外观查看电感的引脚是否腐蚀、掉脚（见图 3-4），外表有无碰伤裂痕。损坏、掉脚的电感，必须更换。

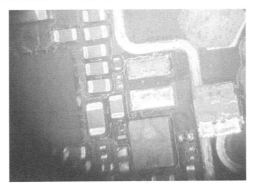

图 3-4　电感掉脚

在电感外观没明显损伤时，再使用数字万用表二极管挡或蜂鸣挡对电感进行测量，判断好坏，方法如下：

将万用表调整到二极管挡，红表笔和黑表笔分别接触电感两个引脚，如图 3-5 所示。如果显示 0，表示电感正常；如果显示数值为无穷大（0L），表示电感开路损坏。

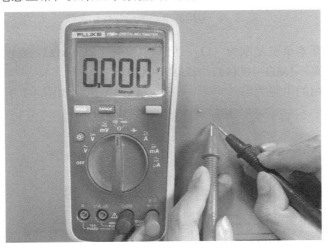

图 3-5　测量电感

3.1.4　电感的代换

智能手机中的贴片电感，一般应找相同大小的贴片电感代换，但保险电感可以直接短接或者用 0Ω 电阻代换。水泥电感不能直接短接，必须用相同大小的水泥电感代换。升压电路的升压电感也不能随意代换，必须找相同大小的升压电感代换。

3.2 电阻

3.2.1 电阻介绍

对电流流动具有阻碍作用的电子元件被称作电阻器，也就是常说的电阻。

电阻无正负极之分。电阻是最常用的电子元件，在电路中起到分流、分压、限流等作用。

电阻在电路中通常用字母"R"加数字表示。例如，R2201 表示编号为 2201 的电阻。

电阻的主要参数有电阻值、额定功率、误差范围等。

电阻的电路图形符号和参数如图 3-6 所示。

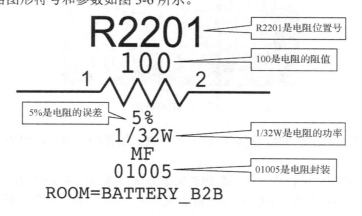

图 3-6　电阻的电路图形符号和参数

电阻的单位：基本单位是欧姆（Ω），倍率单位有千欧（kΩ）、兆欧（MΩ）等。

电阻的单位换算：$1M\Omega=1000k\Omega$，$1k\Omega=1000\Omega$。

智能手机中常用的电阻为贴片电阻，外表颜色为黑色，如图 3-7 所示。

图 3-7　贴片电阻实物图

除了智能手机上的贴片电阻，电子设备上常用的电阻还有色环电阻、敏感电阻（热敏、压敏、湿敏、光敏、力敏、气敏等电阻，敏感电阻所用的材料几乎都是半导体材料，也称为半导体电阻）、可调电阻（电位器）等，如图 3-8 所示。

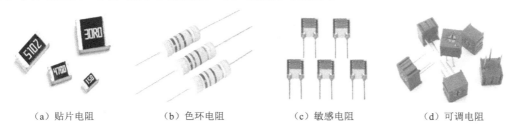

（a）贴片电阻　　　　　（b）色环电阻　　　　　（c）敏感电阻　　　　　（d）可调电阻

图 3-8　常见电阻

3.2.2　电阻串联、并联关系

1. 电阻串联

电阻串联就是两个或者两个以上的电阻首尾相连，如图 3-9 所示。

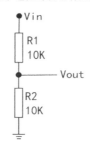

图 3-9　电阻串联电路

图 3-9 中，Vin 点的电压为 $V_总$，Vout 点的电压为 $V_分$，R1 两端的电压为 V_1，R2 两端的电压为 V_2，流过电阻 R1 的电流为 I_1，流过 R2 的电流为 I_2，那么流过 R1 和 R2 的总电流为 $I_总$。

串联电路的特点：

（1）电流只有一条路径。

（2）各个电阻之间相互干扰。

（3）串联后的总电阻等于所有电阻的阻值之和，即 $R_总 = R_1 + R_2$。

（4）总电压（$V_总$）等于各个电阻两端的电压之和，即 $V_总 = V_1 + V_2$。

（5）总电流（$I_总$）与流过各个电阻的电流相等，即 $I_总 = I_1 = I_2$。

（6）各电阻两端电压的大小与阻值成正比，即 $V_1/V_2 = R_1/R_2$，$V_分 = R_2/(R_1+R_2) \times V_总$。

2. 电阻并联

电阻并联是两个或者两个以上的电阻首首相连、尾尾相连，如图 3-10 所示。

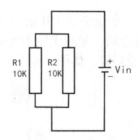

图 3-10　电阻并联电路

图 3-10 中，Vin 的电压为 $V_总$，R1 两端的电压为 V_1，R2 两端的电压为 V_2，流过电阻 R1 的电流为 I_1，流过 R2 的电流为 I_2，那么流过 R1 和 R2 的总电流为 $I_总$。

并联电路的特点：

（1）电流有多条路径（干路、支路）。

（2）并联的电路各不相干。

（3）总电阻的倒数是各电阻倒数之和，即 $1/R_总 = 1/R_1 + 1/R_2$，$R_总 = (R_1 \times R_2)/(R_1 + R_2)$。

（4）总电阻比其中任何一个电阻的阻值都要小。

（5）总电流等于各路电流之和，即 $I_总 = I_1 = I_2$。

（6）各支路的电压均相等，即 $V_总 = V_1 = V_2$。

（7）当 R1 和 R2 阻值相等时，总电阻为 $R_1/2$。这种情况在实际维修中比较常见，希望大家牢记。

3.串联电路和并联电路的区别

在串联电路中，电阻值增大，能起到降压和分压作用；在并联电路中，电阻值减小，起到分流作用。

3.2.3　电阻的应用

1.上拉电阻

上拉电阻在电路中有明显的特征：一端接供电，另一端接信号，如图 3-11 所示，从而起到上拉的作用。可以简单理解，上拉的作用是给信号线提供一个小电流驱动电压，将信号拉到某个高电平，有时也用于抵消线路中内阻对信号的损耗，使信号传输得更稳定、传输的距离更远。上拉电阻同时起到限制电流的作用，如果阻值过小，就会导致信号线上的电流过大，烧坏相连的芯片。智能手机中，上拉电压一般是 1.8V。

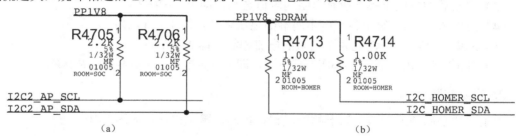

图 3-11　上拉电阻

2．下拉电阻

下拉电阻在电路中有明显的特征：一端接地；另一端接信号，如图 3-12 所示，用于稳定信号，防止干扰（如静电）。信号受到干扰，可能会导致误开机。下拉电阻可以单独存在，也可以和上拉电阻配合使用；若配合使用，则下拉电阻阻值要比上拉电阻阻值大很多倍，否则就是典型的电阻分压电路了。

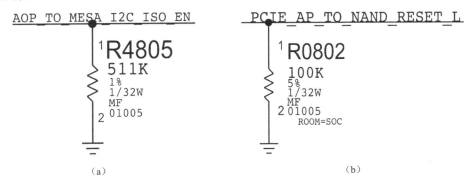

图 3-12　下拉电阻

3．限流保护电阻

限流保护电阻又称保险电阻、熔断器，用于防止电路中的电流过大损坏元器件。其原理是当电流过大时，限流电阻会熔断，将电路断开，后级不会被损坏。限流保护电阻的阻值一般为 0Ω，串联在电路中，如图 3-13 所示。

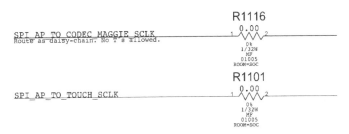

图 3-13　限流保护电阻

3.2.4　电阻的检测方法

对电阻的检测方法主要是使用万用表的欧姆挡测量阻值（见图 3-14），判别电阻有无开路、短路、阻值变化等。

将主板断电，自动量程数字万用表直接选到欧姆挡，手动量程数字万用表需要在欧姆挡选择合适的量程（已知阻值大小时，选用比其阻值稍大的量程；未知阻值大小时，先用最大量程，然后根据测量的阻值大小选择接近的量程）。

将万用表两支表笔搭在需要测量的电阻两端，显示的读数就是测出来的电阻值。

图 3-14　测量电阻

如果测得电阻值比参考值大，说明电阻开路损坏。当对在路检测时测得的阻值有所怀疑时，可拆下来重新测量。

3.2.5　电阻的代换

维修智能手机时，若电阻损坏了，普通电阻需要找阻值大小一样、封装大小一样、精度一样的电阻进行代换；保险电阻可以不用代换，直接短接电阻的焊盘。

3.3　电容

3.3.1　电容介绍

电容器就是"储存电荷的容器"，常简称为电容。尽管电容器品种繁多，但基本结构和原理是相同的。两片相距很近的金属中间被某物质（固体、气体或液体）隔开，就构成了电容器。两片金属是极板，中间的物质是介质。

电容器常用英文字母"C"表示，例如，C2710 表示编号为 2710 的电容。

电容的主要参数：容量、误差范围、安全工作电压/耐压等。

电容的电路图形符号和参数如图 3-15 所示。

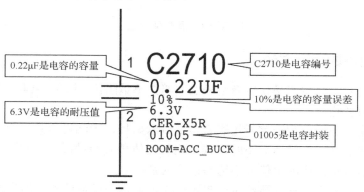

图 3-15　电容的电路图形符号和参数

电容的单位是法拉，简称法（F）。1F 是很大的容量，并不符合电路实际使用容量大小的标示需要，所以又有较小的毫法（mF）、微法（μF）、纳法（nF）、皮法（pF），单位换算如下：

$$1F=1000mF \qquad 1mF=1000μF \qquad 1μF=1000nF \qquad 1nF=1000pF$$

智能手机中常用的电容为陶瓷贴片电容，无正负极之分，如图 3-16 所示。陶瓷贴片电容一般表面无标示值，外观颜色为咖啡色、棕红色、米黄色、浅灰色或者白色，颜色越浅，容量越小。

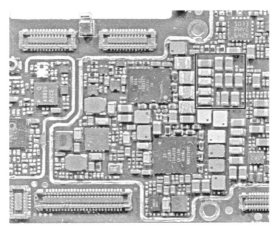

图 3-16　电容实物图

除了智能手机上的陶瓷贴片电容，电子设备上常用的电容还有铝电解电容、固态电解电容、钽电解电容等，如图 3-17 所示。

（a）陶瓷贴片电容　　　　（b）铝电解电容　　　　（c）固态电解电容　　　　（d）钽电解电容

图 3-17　常用的电容

3.3.2　电容的应用

电容器作为储存电荷的容器，具有充电、放电和通交流、隔直流的特性。在智能手机中，电容主要用于滤波、耦合、谐振、升压等。

1．滤波

滤波电容是利用电容通交流、隔直流的特性，将供电线路中的交流杂波干扰滤除到地，使输出的直流电流更平滑、更稳定。而且因为智能手机要求电路比较精密，所以往往会通过并联电容（见图 3-18）来提高滤波电容的工作效率。

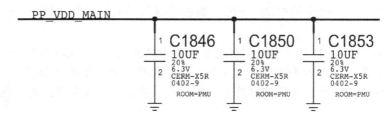

图 3-18　滤波电容

滤波电容的特点：电容在地与供电线之间，一端接供电，另一端接地。正因为这个特点，所以在智能手机维修中，经常遇到因滤波电容被击穿短路而引起手机接电短路和触发短路，导致手机不开机的故障。

2. 耦合

耦合电容串联在信号电路中（见图 3-19），去除直流噪声，同时容抗也起到阻抗匹配的作用，以保证高速信号传输的稳定性。

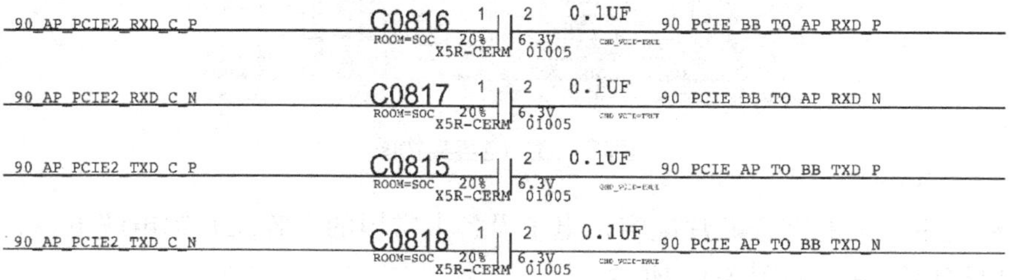

图 3-19　耦合电容

耦合电容的特点：串联在电路中，两端都不接地。

3. 谐振

谐振电容与晶振组成振荡电路，给时钟芯片提供基准时钟信号，如图 3-20 所示。

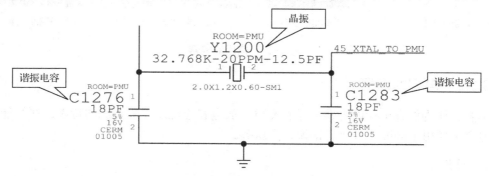

图 3-20　谐振电容

谐振电容的参数会影响晶振的频率和输出幅度。

谐振电容的特点：一般容量大小为几 pF 至几十 pF，分别接在晶振的两个引脚和地之间。

4．升压

升压电容是利用电容充放电的特性，使电容放电电压和电源电压叠加，从而使输出电压升高。如图 3-21 所示，C1402 就是智能手机充电电路中的升压电容，如果损坏，会导致手机不充电、充电慢等故障。

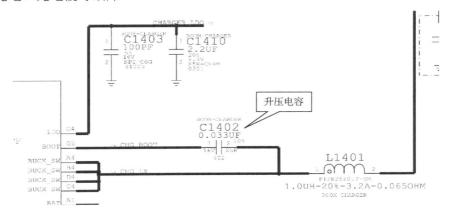

图 3-21　升压电容

3.3.3　电容的检测方法

电容常见的故障有容量减小、容量消失、击穿短路和漏电等。

智能手机中，陶瓷贴片电容一般发生的故障多为击穿短路和漏电。

可以用万用表检测单个电容是否损坏，即用万用表的二极管挡测量电容两端（见图 3-22）：若值为无穷大，则电容是好的；若值为 0，则电容被击穿损坏；若显示有数值，则表示电容内部漏电。

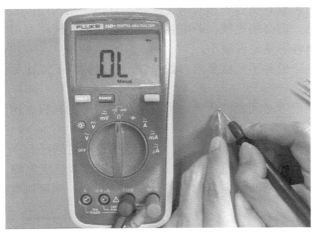

图 3-22　测量电容

在路检测时，根据电容在电路中的应用来判断电容好坏。例如：用二极管挡测量电容两端对地二极体值，滤波电容一端接地，另一端接供电端，接地端的对地二极体值为 0，接供电端的对地二极体值正常，如图 3-23 所示。

图 3-23　在路测量电容

若两端的对地二极体值都为 0，那就说明该线路短路。因为在该线路上所有相连的电容中只要有一个被击穿短路，那么测其他所有相连电容就都是对地短路状态。此时，首先需要找到线路中被损坏击穿的那个电容，然后进行更换，使线路恢复正常。

使用万用表可以判断电容的开路与短路，无法判断电容容量是否减小。需要准确测量电容容量，必须使用专用的电容测量仪器。在实际维修中，一般采用替换法判断电容容量减小的故障。

3.3.4　电容的代换

维修智能手机时，查看电容表面必须无损伤，有损伤则为坏，必须更换。使用万用表测量时，若电容短路，则必须更换。若电容外观没有损坏、使用万用表测量没有短路，则一般用替换法判断电容容量是否减小。

滤波电容的代换一般并不严格要求参数一致，要求耐压不能比原值低，容量可偏差一点没有关系。

耦合电容、谐振电容必须原值代换，可以从相同型号的料板、相同的位置拆下电容进行更换。

自举升压电容需要高于等于原值代换，并且越接近原值越好。

音频电路周围的电容也不能随意代换，会引起杂音或者电流声等，需要原值代换。

同一条供电线路有多个滤波电容的，若只损坏一两个，则可以直接拆掉，不需要安装新的电容。

3.4　二极管

3.4.1　二极管介绍

现在常用的二极管是半导体二极管，又称晶体二极管，用字母 D 表示。半导体二极管是由两块不同特性的半导体材料制成的，交界处形成一个 PN 结。它有两个极，分别是 P 极和 N 极，P 极为正极，N 极为负极，如图 3-24 所示。

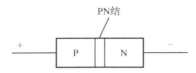

图 3-24　半导体二极管的结构示意图

智能手机中，常用的二极管如图 3-25 所示。画线的一端为负极，没画线的一端为正极。

（a）　　　　　　　　　　　　　（b）

图 3-25　二极管实物图

在智能手机中，应用的二极管主要有普通二极管、发光二极管、防静电二极管。常见二极管的电路图形符号如图 3-26 所示。

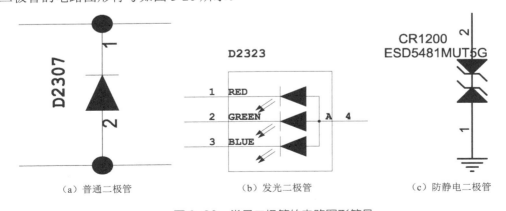

（a）普通二极管　　　　　　（b）发光二极管　　　　　　（c）防静电二极管

图 3-26　常见二极管的电路图形符号

稳压二极管用字母"DZ"表示，如 DZ6900 表示编号为 6900 的稳压二极管，如图 3-27 所示。

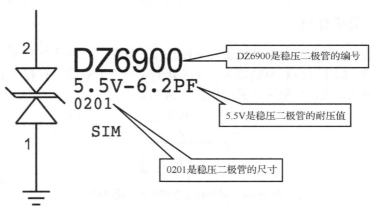

图 3-27　稳压二极管的电路图形符号和参数

在智能手机中，稳压二极管大多用于接口部分防静电。

3.4.2　二极管的特性

二极管的电学特性是单向导通，电流只能从二极管的正极流入，从负极流出。如果给二极管正极加的电压高于给负极加的电压时，二极管就会导通，并且二极管内阻很小；给二极管正极加的电压低于给负极加的电压时，二极管就会截止，并且二极管内阻极大或无穷大。

不同材料制作的二极管导通压降不一样：使用硅材料制作的硅管，正向导通压降是 0.7V；使用锗材料制作的锗管，正向导通压降是 0.3V。

智能手机主板中使用的二极管多为锗管，工作时，P 极和 N 极之间有 0.3V 压差才能正常导通。

3.4.3　二极管好坏判断

在维修时，判断二极管好坏一般采用两种方法，分别是二极体值法、电压法，具体的操作方法如下。

1．二极体值法

使用二极体值法，一般需要把二极管从主板上拆下。如果不拆下，则测量数据会不准确。

拆下二极管后，将万用表调至二极管挡，先测量二极管正向值。用红表笔接触二极管正极，黑表笔接触二极管负极，万用表显示数值应该为 100～800（实际显示为 0.100～0.800，手机维修行业习惯只说小数点后的数字），如图 3-28（a）所示。

然后再测量二极管反向值，用红表笔接触二极管负极，黑表笔接触二极管正极，看万用表数值应该为"0L"（无穷大），如图 3-28（b）所示。

如果正向值和反向值均显示为"0L"（有些表显示"1"），说明二极管开路损坏。如果正向值和反向值均显示为"0"，说明二极管短路损坏。

（a）

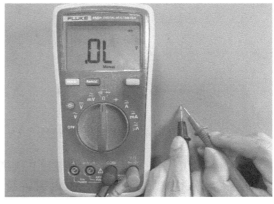
（b）

图 3-28　测量二极管

2．电压法

使用电压法，不需要将二极管从主板上拆下，在电路通电的情况下，分别测量二极管两端电压，通过二极管两端电压判断二极管好坏。

在主板加电的情况下，将万用表调到直流电压挡，黑表笔接主板的地，红表笔接二极管的正极，得到一次电压值；把红表笔接二极管的负极，黑表笔接主板的地，得到第二次电压值。如果二极管两端的电压差远高于 0.3V，那么二极管开路损坏。

二极管损坏后常见的故障现象如下：

（1）开路，表现为正、反向阻值都为无穷大。

（2）击穿短路，表现为正、反向阻值都很小，这种现象最常见。

（3）正向阻值变大。

（4）反向阻值变小，漏电。

3.5　场效应管

3.5.1　场效应管介绍

场效应晶体管（Field Effect Transistor，FET）简称场效应管，主要有结型场效应管（Junction FET，JFET）和金属-氧化物半导体场效应管（Metal-Oxide Semiconductor FET，MOS-FET）两种类型。场效应管属于电压控制器件，利用输入电压产生的电场效应来控制输出电流。MOS-FET 在维修行业内一般又被称为 MOS 管。电路图中，MOS 管用字母"Q"表示，如图 3-29 所示。智能手机中，MOS 管实物图，如图 3-30 所示。

场效应管有三个引脚，分别是栅极（用 G 表示，也称控制极）、源极（用 S 表示，也称输出极）、漏极（用 D 表示，也称输入极），如图 3-31 所示。

图 3-29　MOS 管电路图形符号　　　　图 3-30　智能手机中 MOS 管实物图

智能手机中，MOS 管有 N 沟道和 P 沟道两种。在电路图中，通过看 MOS 管中间的拐角箭头来区分 N 沟道和 P 沟道 MOS 管，箭头向内为 N 沟道 MOS 管，箭头向外为 P 沟道 MOS 管，如图 3-31 所示。

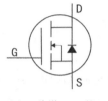

（a）N 沟道 MOS 管　　　　　　　　（b）P 沟道 MOS 管

图 3-31　场效应管

3.5.2　MOS 管工作原理

MOS 管工作时，通过 G 极的电压控制 D 极与 S 极的导通状态，实现 MOS 管工作与不工作。具体工作导通原理如下：

NMOS 管的特性：V_{GS} 大于一定的值就会导通，适合用于源极接地时的情况（低端驱动）。当栅极处于高电平时，源极（S）和漏极（D）就会导通。

PMOS 管的特性：V_{GS} 小于一定的值就会导通，适合用于源极接 VCC 时的情况（高端驱动）。当栅极处于低电平时，源极（S）和漏极（D）就会导通。

3.5.3　MOS 管好坏判断

MOS 管在智能手机中应用比较少。在手机主板供电电路中，绝大部分的 MOS 管都是用于电压或者信号的转换。MOS 管损坏会导致信号或电压无法转换传输。比较常见的是苹果手机中的充电 MOS 管损坏、电池数据线 MOS 管损坏。充电 MOS 管损坏会导致不能充电。电池数据线 MOS 管损坏会导致读取不到电池信息。

在维修时，测量 MOS 管好坏一般是通过电压法测量的，方法如下：

先给手机上电，然后测量 MOS 管的 D 极电压，再测 S 极电压。如果 S 极电压与 D 极电压相同，则认为 MOS 管是好的；如果 S 极电压与 D 极电压不相同，则认为 MOS 管是坏的。

如果 MOS 管损坏，维修时直接更换就可以了。如果找不到用于更换的 MOS 管，大部分可以短接 S 极和 D 极焊盘。

3.6　稳压器

3.6.1　稳压器介绍

智能手机在一些接口电路中采用稳压器来降压，给接口提供合适的供电电压，如触摸接口、摄像头接口。采用的稳压器一般是正电压稳压器，也叫作低压差线性稳压器（简称 LDO）。稳压器在主板上起的作用是，把输入电压调整到一个稳定的输出电压。这个调整是降压调整，输入电压一定要高于输出电压。稳压器实物图如图 3-32 所示。

稳压器在智能手机主板上是以芯片形式出现的，所以稳压器的位置号以英文字母"U"头，电路符号如图 3-33 所示。

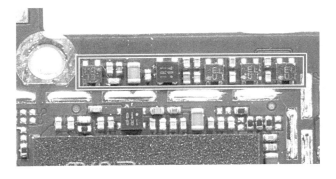

图 3-32　稳压器实物图

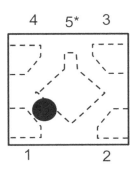

图 3-33　稳压器电路符号

3.6.2　稳压器的应用

手机中用稳压器进行电压转换，给摄像头提供供电电压的电路原理图如图 3-34 所示。开机后，电源输出大电流 1.8V 的 VREG_S4A_1P8 给稳压器 U6912 的 A2 脚供电，启动摄像头时，CPU 输出开启信号 CAM_DOVDD_EN 给稳压器 U6912 的 B2 脚，U6912 得到供电和开启信号后工作，从 A1 脚输出小电流 1.8V 的 CAM_DOVDD_1P8 给摄像头供电。

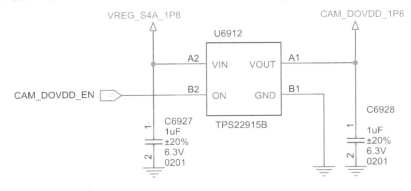

图 3-34　稳压器的应用电路举例

3.6.3 稳压器好坏判断

由于稳压器是用于降压或者电压转换的，因此在维修时，首先给手机通电开机，然后用万用表直流电压挡测量稳压器输出脚的电压（见图 3-35），与电路标示值对比。如果输出电压比标示值偏大，说明稳压器损坏，找相同型号的稳压器进行更换。

图 3-35　测量稳压器电压

3.7　晶振

3.7.1 晶振介绍

晶振全称晶体振荡器，用于产生原始的时钟频率。这个原始的时钟频率经过频率发生器倍频后就成了手机中各种不同的时钟频率，送到主板上各个设备中使设备正常工作。

晶振用字母 Y 表示，如 Y2200 表示主板上位置号为 Y2200 的晶振。晶振的电路图形符号如图 3-36 所示。其中还标注了晶振的一些参数。

图 3-36　晶振的电路图形符号

3.7.2 手机常用晶振

32.768kHz 晶振用于给主电源中的实时时钟（Real Time Clock，RTC）电路提供基准频率，再转为休眠时钟信号输出给主板上的各个设备。如果 32.768kHz 晶振损坏，会导致休眠唤不醒、时间不准、时间不保存等故障，在不同手机中故障表现不一样。

24MHz 晶振用于产生苹果 CPU 的基准时钟频率，损坏时可导致开机定电流无显示。

19.2MHz 晶振用于给苹果手机基带电源提供基准频率，由基带电源再输出给基带 CPU、射频芯片提供工作时钟信号。目前大部手机用 38.4768MHz 晶振替代 19.2MHz 晶振。

安卓手机在电源中采用 38.4768MHz 晶振给电源提供频率，再由电源处理后给 CPU、Wi-Fi、射频芯片等提供时钟信号。

手机常用晶振如图 3-37 所示。

（a）32.768kHz 晶振　　　　（b）24MHz 晶振　　　　（c）19.2MHz 晶振

图 3-37　手机常用晶振

3.7.3　晶振应用电路

晶振应用电路举例如图 3-38 所示。主电源芯片得到 PP_VDD_MAIN 主供电后，给 32.768kHz 晶振供电，晶振启振，提供 32.768kHz 频率给主电源芯片实时时钟电路，让实时时钟电路工作，使手机日期、时间正常运行。

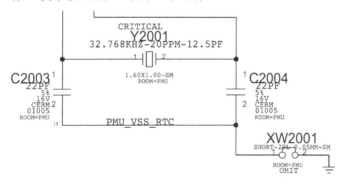

图 3-38　晶振应用电路举例

3.7.4　晶振好坏判断与代换

维修智能手机时，采用以下两种方法判断晶振的好坏。

（1）使用示波器测量晶振两脚波形和频率，与标示值对比，频率相同为好，不同为坏。

（2）使用替换法判断晶振好坏，更换晶振后，手机故障消失，说明晶振损坏。

晶振主要给各模块提供基准频率，不同位置工作所需要频率不一样，必须使用同型号代换。

第 4 章　看懂并学会使用电路图、点位图

在进行智能手机主板维修时，通过电路图查看主板上元器件的参数、电压值、信号功能等，能更快速地找到测量点，并测量相关数值，更准确地判断故障位置，提高故障修复率。看懂电路图是维修人员进一步提高技能的一个门槛，需要维修人员必须具备一定的基础知识。

本章首先讲解电路和信号的专业名词解释，然后分别讲解各类电路图的使用方法。通过学习本章内容，大家能够快速学会使用、查看、分析各种手机电路图。

4.1　手机图纸资料概述

宏观上讲，手机维修时的图纸资料包括架构框图、电路原理图（也称电子电路图，常简称为原理图、电路图）、元器件位置图和点位图。这些图纸资料各有各的用途和特点，但又存在着内在联系。

在实际维修中，电路图一般指电路原理图。电路原理图是用标准化的符号绘制的一种表示各元器件组成及其之间关系的原理布局图。通过电路原理图可以分析和了解实际电路的情况。尤其在手机实际维修中，维修人员通过分析电路，可以快速地找到引脚或焊盘的所有连接点，将问题搞定，大大提高了维修的效率。

为了将实物和电路原理图对应，图纸资料中还有元器件位置图，把手机主板上的元器件按实物主板位置进行排列，并标注元器件的位置号。在查看分析手机主板工作原理时，通过电路图、位置图、实物主板，三者对比就能很快地找到相对应的元器件。位置图的一个升级版本就是点位图。

原理图、位置图一般都是 PDF 格式，使用的阅读工具有多种，比如福昕 PDF 阅读器、Adobe Reader、PDF-XChange PDF Viewer 等。

4.2　电路和信号的专业名词解释

在主板实际维修中，经常涉及一些电路和信号的专业名词。要看懂电路原理图和学好维修，首先要了解这些概念。

4.2.1　供电

供电是一个可以输出较大电流的电压，给设备提供动力。在工作过程中，供电电压不

可以被置高或者拉低。如果供电电压被拉低了，就是短路。在一般情况下，置高也是不允许的。

供电电压名称一般以 VCC、VDD、PP 开头，如 PP_***、PP*V*、PP_VCC_MAIN、BATT 等（见图 4-1），也有部分直接标注电压的。

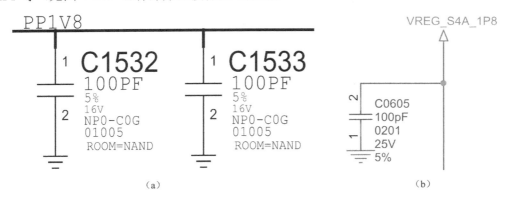

图 4-1　供电电压的标注方法

在电路中，VCC 是电路的供电电压，VDD 是芯片的工作电压（通常 $V_{CC} > V_{DD}$）。

4.2.2　接地

接地与供电构成回路，没有接地，就不会有电流流过设备，名称一般为 VSS、GND，如图 4-2 所示。

手机主板上的接口处金属部分和螺丝孔、较大的焊点一般都是接地点，主板上所有接地是相通的。

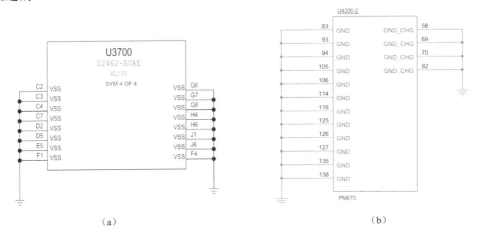

图 4-2　接地的标注方法

4.2.3　信号定义

在理论上说，信号只考虑电压变化，电流很小。在手机主板的工作过程中，信号要根据需要，随时被拉低或者置高。

苹果手机电路图中的信号如图 4-3 所示。

安卓手机电路图中的信号如图 4-4 所示。

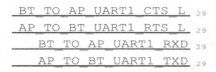 

图 4-3　苹果手机电路图中的信号　　图 4-4　安卓手机电路图中的信号

4.2.4　时钟信号

时钟信号为数字电路工作提供一个基准，使各个相连的设备统一步调工作。时钟的基本单位是 Hz，简称赫兹。时钟信号的名称中一般带 CLK（CLOCK 的简称）。

苹果手机电路图中的时钟信号如图 4-5 所示。

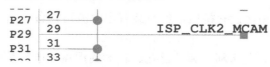

图 4-5　苹果手机电路图中的时钟信号

安卓手机电路图中的时钟信号如图 4-6 所示。

图 4-6　安卓手机电路图中的时钟信号

4.2.5　复位信号

复位就是重新开始的意思。手机刚开机时会自动复位，复位信号从低电平跳变为高电平。复位信号的名称中一般带 RST（RESET 的简写）。

苹果手机电路图中的复位信号如图 4-7 所示。

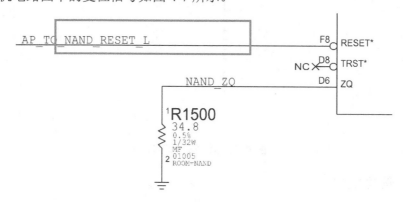

图 4-7　苹果手机电路图中的复位信号

安卓手机电路图中的复位信号如图 4-8 所示。

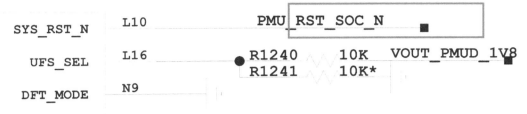

图 4-8　安卓手机电路图中的复位信号

复位只是瞬间低电平。手机主板正常工作时，复位都是高电平。常见的复位信号电压多数为 1.8V。

4.2.6　开启信号

开启信号高电平时表示开启电路工作，低电平时表示关闭电路工作。

开启信号的名称中一般带 EN［ENABLE（使能）的缩写］（见图 4-9）、PWDN、SHUTDOWN。

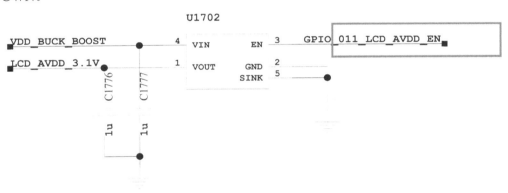

图 4-9　电路图中的开启信号

4.2.7　片选信号

片选就是芯片选择的意思。片选信号的名称中一般带 CS（CHIP SELECT 的缩写）（见图 4-10）、CE（CHIP ENABLE 的缩写）。

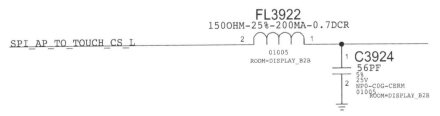

图 4-10　电路图中的片选信号

片选信号低电平时读取数据，高电平停止工作。手机工作时是反复不断地读取数据、停止工作。

4.2.8 中断信号

中断是指 CPU 在正常运行程序时，由于内部/外部事件或由程序预先安排的事件，引起 CPU 中断正在运行的程序，而转到内部/外部事件服务程序或预先安排的事件服务程序中去，服务完毕，再返回去执行暂时中断的程序。

中断信号的名称中一般带 INT，如图 4-11 所示。

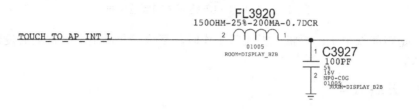

图 4-11　电路图中的中断信号

4.3 电路原理图

手机电路原理图如图 4-12 所示，由元器件、芯片、连接线和信号标注组成。各品牌手机的电路原理图都大同小异。

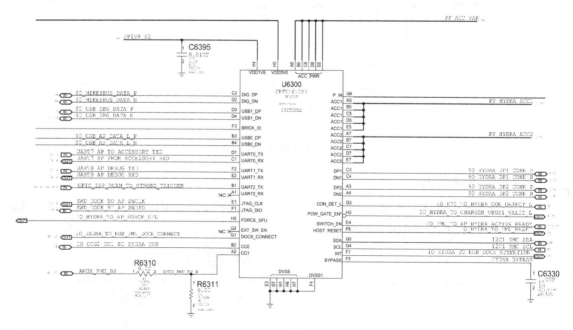

图 4-12　手机电路原理图

对于初学者来说，很多朋友看到电路图头就大，纵横交错密密麻麻的线条无从下手，其实电路图很容易理解，使用也非常方便。再复杂的电路都是由基础元器件和连接线构成的，所以要看懂电路图需要有基础元器件知识，并了解电路的一些连接关系，以及线路中的一些特点。下面主要讲解电路原理图中的标识、电路图连接关系及特点。

4.3.1　交叉线

开发人员在绘制电路原理图时，由于信号线路很多，无法一一绕开，部分线路之间就会交叉在一起，在实物中交叉的线路有些是相连在一起的，有些又不是相连在一起的。为了方便区别，在绘制原理图时相连相通的交叉线会打一个黑点，没有相交的线不会打黑点，如图 4-13 所示。

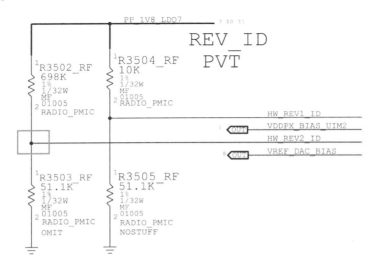

图 4-13　电路原理图中的交叉线标注

4.3.2　信号、电压改名

电路原理图中，信号通过一个电阻或者指定的换名点后会改变名称。如图 4-14 所示，信号 45_AP_TO_BB_I2S3_BCLK 通过苹果手机的换名点 I377 后，改名为 BB_I2S_CLK。在查电路原理图时一定要根据改名后的信号进行查找。

45_AP_TO_BB_I2S3_BCLK	MAKE_BASE=TRUE	I377	BB_I2S_CLK
AP_TO_BB_I2S3_DOUT	MAKE_BASE=TRUE	I378	BB_I2S_RXD
BB_TO_AP_I2S3_DIN	MAKE_BASE=TRUE	I379	BB_I2S_TXD
AP_TO_BB_I2S3_LRCLK	MAKE_BASE=TRUE	I380	BB_I2S_WS

图 4-14　信号改名

如图 4-15 所示，PP1V8 电压通过保险电感 L2318 转换为 PP1V8_RCAM_CONN 给后置摄像头供电。

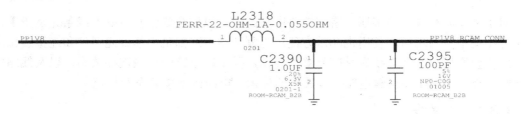

图4-15　电压改名

4.3.3　信号、供电页码标识

为了用户打印文件后方便查找，在每一条非终端的线路上会标识与之连接的另一端信号的页码。

例如：想查找 SPI_OWL_TO_ACCEL_GYRO_CS_L 由哪里输入到 U3010 的呢？根据线路连接页号提示，可以直接寻找第 9 张电路原理图，并根据信号描述找到所连接的芯片是 U0600 的 AG30 脚，如图 4-16 和图 4-17 所示。

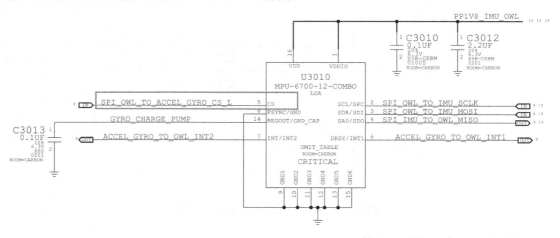

图4-16　SPI_OWL_TO_ACCEL_GYRO_CS_L 信号相关电路

图4-17　信号另一端连接的元器件

4.3.4　接地点

手机主板上任何一个接地点都是相通的，同时主板的地与电池座的负极也是相通的，它也相当于电池的负极，如图 4-18 所示。

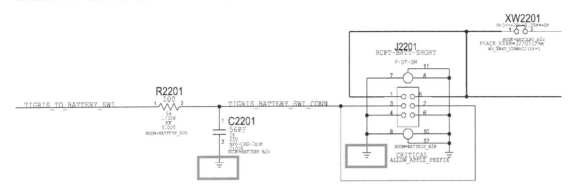

图 4-18　接地点

手机主板上的屏蔽罩都全部接地，测量时可以作为接地点。

4.3.5　元器件编号

在电路原理图中，每一个元器件都有一个唯一的编号，这个编号就是元器件编号，由英文字母和数字共同组成。编号规则可以分成以下几类。

芯片类：以 U 开头，如 U0700。

接口类：以 J 开头，如 J3200。

三极管类：以 Q 开头，如 Q2300。

二极管类：以 D 开头，如 DZ3155。

晶振类：以 X 或 Y 开头，如 Y2401。

电阻类：以 R 或 VR（压敏电阻）开头，如 R4130、VR301。

电容类：以 C 开头，如 C3232。

电感类：以 L 开头，如 L2070（注：FL 为保险电感，维修中可以用电感或 0Ω 电阻替换）。

还有一部分标号是主板上的测试点，以 TP 或 PP 开头，后面跟着数字，如 TP4301、PP5502。

电路原理图中 CPU 的编号如图 4-19 所示。由于 CPU 的功能非常强大，一个页码是画不完的，于是将 U0600 CPU 这个元器件编号分为了 14 个部分，在图 4-18 中用 SYM 3 OF 14 进行标注，3 表示当前页面为 CPU 的第 3 个页面，14 表示 CPU 总共有 14 个页面。但是这 14 个页面表示的仍然是一个元器件，仔细看图后会发现，只不过每一页描述的功能不一样。这样的处理方法使得看图人更加明白。相比之下，如果画在一张图上的话，势必线路就要缩小，有更多的交叉，造成走线不清晰。

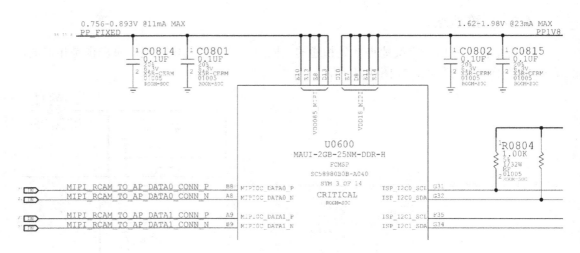

图 4-19   CPU 的编号

4.3.6   芯片注释

电路原理图中芯片周围会有芯片位置号、芯片型号、信号名称等注释，如图 4-20 所示。通过这些注释能清楚地知道芯片位置号、芯片的型号、芯片引脚数、芯片引脚功能等信息。

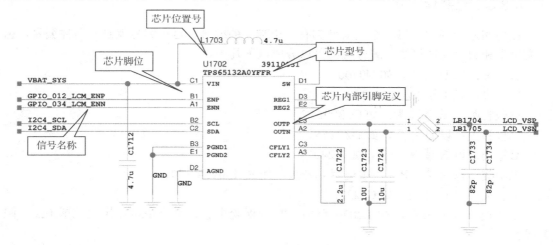

图 4-20   芯片注释

4.3.7   芯片空脚

手机主板上的芯片在设计时每个功能引脚都有引出。手机厂家在生产手机时根据手机所需要的功能决定是采用哪些引脚。由于不同版本的手机支持的功能不一样，当手机不需要某个功能时，芯片上的某个引脚就不需要引线出来，这就是我们平时维修中所说的空脚。

为了方便识别芯片的引脚有没有被使用，在绘制电路图纸时空脚用"NC"或"X"表示，如图 4-21 所示。

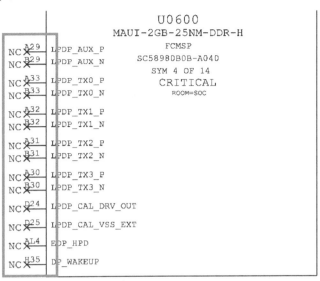

图 4-21　芯片空脚

如果在维修过程中，发现空脚的焊盘掉了，不用补点，对于手机是没有影响的。

4.3.8　不安装元器件的标注

手机主板在开发设计时都是把常用功能全部设计好，在生产制造时会根据客户的需要删减一些不常用的功能，删减掉的这部分功能相应的元器件，在生产时就不需要安装了。为了方法识别不需要安装的元器件，在绘制原理图时，苹果手机中会在该元器件的旁边注明"NOSTUFF"，如图 4-22 所示。这并不是为了省材料，而是有多种设计方案，厂家采取了其中一种而已。华为手机中用"DNI"或者*号表示（见图 4-23）。小米手机中用 NM 表示（见图 4-24）。OPPO、魅族、三星手机中用"NC"表示（见图 4-25）。

图 4-22　苹果手机中不安装元器件的标注　　　图 4-23　华为手机中不安装元器件的标注

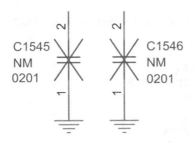

图 4-24　小米手机中不安装元器件的标注 　　　　图 4-25　OPPO、魅族、三星手机
中不安装元器件的标注

4.4　点位图

点位图是位置图的一个升级版本，点位图中有位置图中的元器件位置号、芯片方向，还增加了元器件相连的提示，以及信号相连的提示和标注，信号、供电的对地二极体值标注，信号中文注释等，更方便维修人员查看元器件之间的连接关系，更容易找出信号、供电的测量点。

本节通过鑫智造维修查询系统讲解点位图的使用。

4.4.1　安装点位图查图软件

第 1 步　登录 www.xzmpdf.net，在电脑上下载鑫智造软件（见图 4-26），并完成安装。

图 4-26　鑫智造软件下载页面

第 2 步　登录鑫智造软件，如图 4-27 所示。

图 4-27　鑫智造软件登录界面

登录后进入软件首页界面，如图 4-28 所示。

图 4-28　鑫智造软件首页

4.4.2　点位图软件功能介绍

1．搜索功能

打开软件后，单击首页左上角"搜索"按钮，输入手机的型号，能快速地找出对应的图纸、点位图资料，如图 4-29 所示。

图 4-29　搜索功能

搜索功能支持模糊查找（两个关键词中间用空格隔开），支持向前/向后搜索、循环查找。

2．查找同参数元器件

在点位图界面单击"代换"按钮，使其处于被选中状态（绿色），如图 4-30 所示。

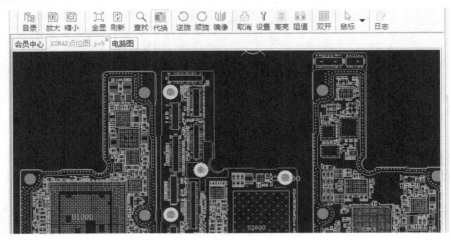

图 4-30　代换功能

然后单击点位图中需要代换的元器件，如图 4-31 中的深灰色箭头所示，可代换的元器件就会被标记出来，如图 4-31 中的浅灰色箭头所示。

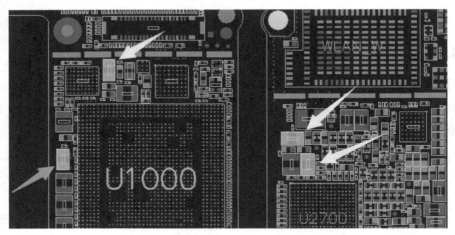

图 4-31　可代换元器件点位图

3．镜像功能

镜像功能主要用在高级维修中，方便测量 BGA 芯片本体是否损坏。当打开镜像功能后，把 BGA 芯片水平翻转，可以一比一地对照测量相应脚位的对地二极体值，从而判断芯片本体是否损坏，如图 4-32 所示。

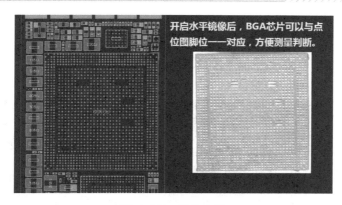

图 4-32 镜像功能

4．阻值模式

在点位图界面单击"阻值"按钮后可以切换为阻值模式，未单击"阻值"按钮默认为信号名称模式，显示元器件位置号和脚位信号名称。在阻值模式下只显示元器件脚位的对地二极体值，如图 4-33 所示。

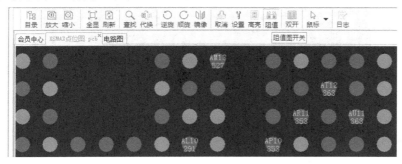

图 4-33 阻值模式

5．查找功能

在点位图界面单击"查找"按钮，可以搜索点位图中元器件的位置号和信号，支持模糊查找，如图 4-34 所示。

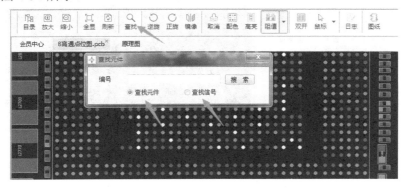

图 4-34 查找功能

6．放大和缩小功能

由于点位图打开的时候是全局显示，不能清楚看到元器件位置号和信号名称，如图 4-35 所示。

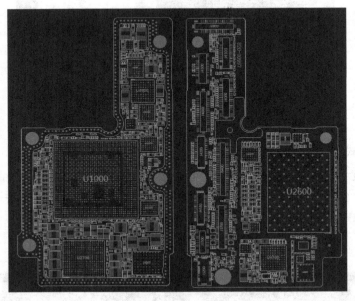

图 4-35　点位图全局显示

想清楚地看到元器件位置号和信号名称，就单击软件窗口上方的"放大"和"缩小"按钮进行调整，如图 4-36 所示。

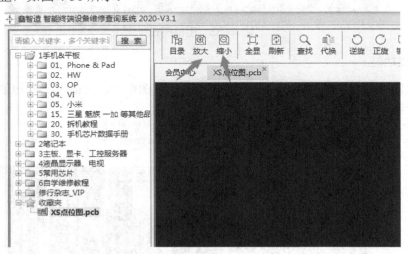

图 4-36　"放大"和"缩小"按钮

在实际操作中，还可以用鼠标的滚动轮实现放大、缩小功能。

点位图被放大到一定比例后就能清楚地看到元器件的位置号和引脚信号名称，如图 4-37 所示。

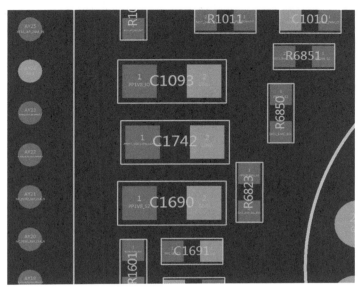

图 4-37　元器件位置号和引脚信号名称

7．双开功能

单击顶部"双开"按钮即可开启点位图和电路图同时查看功能，如图 4-38 所示。双开功能需要同时打开电路图和点位图时才能开启。

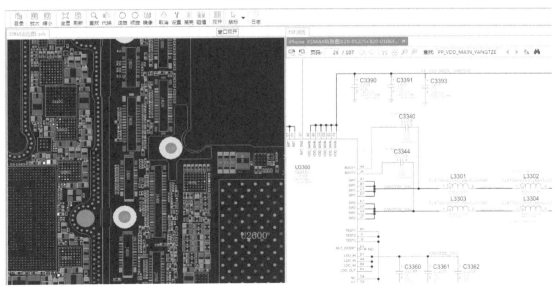

图 4-38　双开功能

8．日志功能

在打开 PCB 点位图的情况下，可以使用日志功能。单击"日志"按钮，打开"维修日志"页面，可以查看日志发布的日期（见图 4-39），也可以发布维修日志（见图 4-40）。

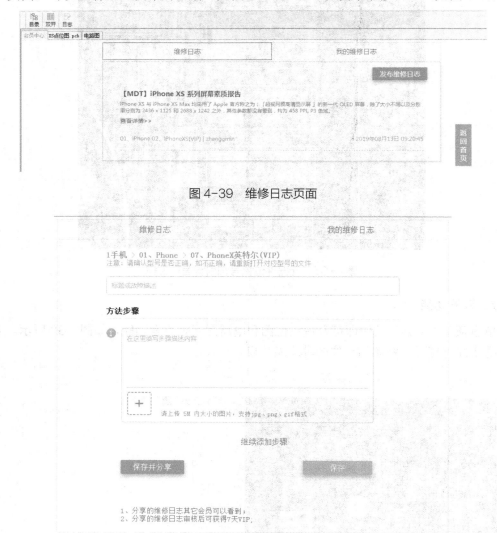

图 4-39　维修日志页面

图 4-40　发布维修日志

发布的维修日志被审核通过后，其他用户即可观看到。

10．收藏功能

在经常需要打开的文件上右击，可将其加入收藏（见图 4-41），以后可以在目录最下端的收藏夹中打开，如图 4-42 所示。

图 4-41　加入收藏

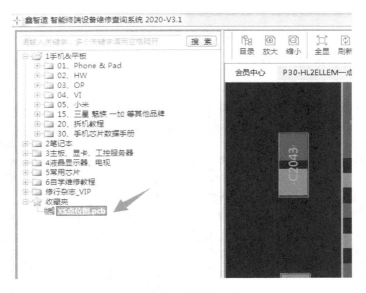

图 4-42　收藏夹文件

注意：重装系统后需要重新收藏。

4.4.3　用点位图软件查找元器件

1. 查元器件位置号

在维修时，有主板实物，但是不知道元器件位置号是多少，功能作用是什么，可使用以下方法找到元器件对应的位置号。

第 1 步　在实物主板中确定好要找的元器件，如图 4-43 所示。

图 4-43　实物元器件

第 2 步　打开点位图找到实物元器件对应的位置，然后用鼠标滚动轮进行放大，放大到一定比例时，就会显示元器件位置号为 R5202 的电阻，如图 4-44 所示。

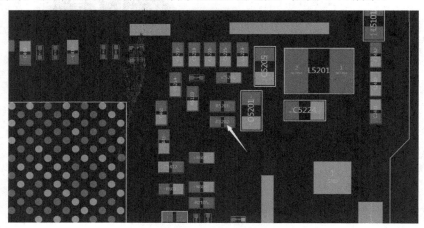

图 4-44　点位图元器件位置号

2．查元器件实际位置

有时候知道元器件的位置号，不知道实物中元器件在什么位置，可以用以下方法找到实物元器件位置。

第 1 步　单击"查找"按钮，弹出"查找元件"对话框，如图 4-45 所示。

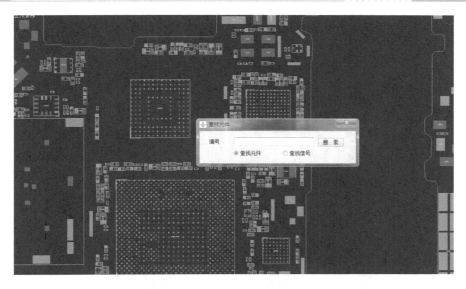

图 4-45　弹出"查找元件"对话框

第 2 步　输入要查找元器件的位置号，如图 4-46 所示。

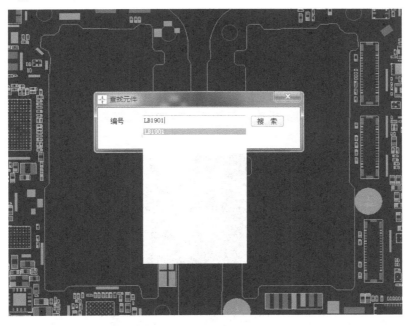

图 4-46　输入要查找元器件的位置号

第 3 步　按回车键确定，然后点位图中显示出所找元器件的位置，如图 4-47 所示。

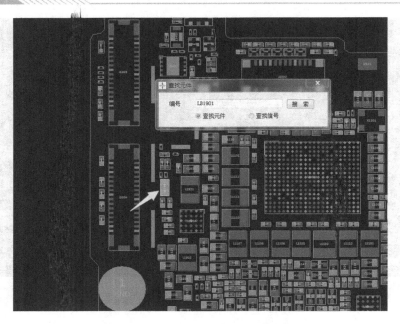

图 4-47　显示出所找元器件的位置

4.4.4　用点位图软件查找相连线路

在点位图中查找元器件相连的线路是点位图软件最常用的功能，比如测量发现线路对地二极体值、电压值不正常时，就会找线路相连的元器件进行故障排查。在点位图中单击某个元器件脚，与其相连元器件的对应脚就会变为黄色高亮，如图 4-48 所示。如果维修时测量到在实物主板上它们之间不相连，就说明主板中的线路断线了，只要将相连的点用漆包线连接上即可。

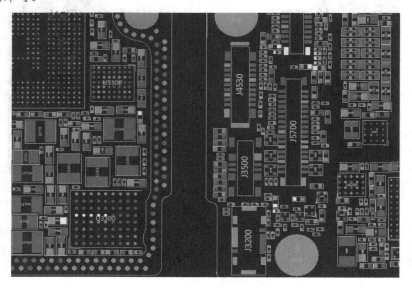

图 4-48　元器件相连点

4.4.5　点位图与电路原理图互通跳转

有时在电路原理图中分析判断故障时，需要在实物中找到对应元器件，此时就会用到互通跳转功能，从电路原理图跳转到点位图找到元器件对应的位置。而有时候在实物中检查到一个元器件有问题，不知道元器件具体的作用时，就会用到从点位图跳转到电路原理图的功能，在电路原理图中分析元器件的作用。

1．从点位图跳转到 PDF 电路原理图

在点位图和电路原理图都打开的情况下，单击点位图中要查询的元器件引脚（见图 4-49），然后按右键，可以查找电路原理图中的元器件或者信号，程序将自动跳转到 PDF 电路原理图对应的位置（见图 4-50）。有时候需要配合 PDF 中的"查找下一个"功能使用。

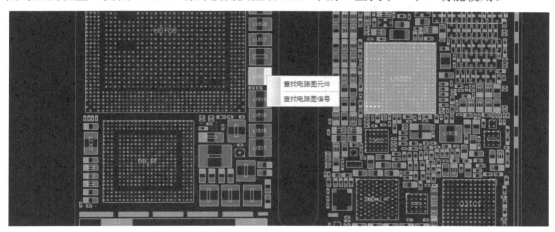

图 4-49　点位图中的 L1803 位置

图 4-50　电路原理图中的 L1803 位置

2．从 PDF 电路原理图跳转到点位图

双击元器件位置号或信号名称（见图 4-51），右击弹出菜单，单击相应命令，即可自动跳转到点位图中对应的位置，如图 4-52 所示。

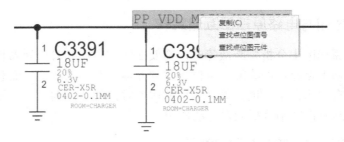

图 4-51　在电路原理图中跳转

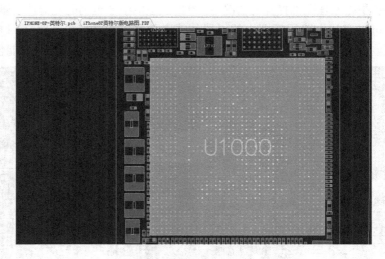

图 4-52　点位图中信号相连芯片脚

第 5 章　拆整机及配件

手机维修中，除了主板问题会导致手机出现各种故障外，手机的配件（如摄像头、尾插小板、软排线、手机屏幕、开机音量按键、听筒、扬声器、振动器、无线充电线圈等）损坏也会导致手机出现相应的功能故障。可以采用替换法进行维修，把功能故障对应的配件拆下，装上好的配件进行测试。如果故障排除，就确定是配件本身的问题；如果故障依旧，再进行主板维修，就会起到事半功倍的效果。

智能手机配件在进行拆装更换时，不同的型号和机型会有些许差异，但是整体的构造没有太大的区别。在拆装时需要胆大心细，弄清楚元器件位置和固定的方法，然后再进行拆装。拆装过程中如果遇到阻力，不要暴力硬拆。暴力硬拆会造成手机其他位置损坏，甚至造成不可修复的故障。在遇到阻力时需要停下来仔细观察一下连接构造，确定无误后再进行拆装。

进行配件更换时需要断开电池与主板排线，断电操作，以免短路造成主板损坏。

拆装排线时注意不要割伤或者划伤排线。排线损坏会造成手机不充电、不显示等故障。

5.1　拆整机

智能手机的拆机方法大同小异，而 iPhone X 的拆机最具有代表性。下面就带大家来学习一下 iPhone X 的拆机方法，并了解 iPhone X 的内部结构。

拆机需要用到的工具有螺丝刀、镊子、撬棒、吸盘、撬片、热风枪等，如图 5-1、图 5-2 所示。

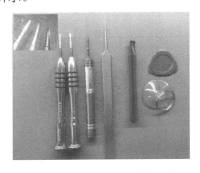
图 5-1　螺丝刀、镊子等工具

图 5-2　热风枪

第 1 步　拆解屏幕。首先将手机关机，然后拧下底部两颗固定的螺丝，如图 5-3 所示。底部的这两颗螺丝起固定屏幕的作用。螺丝刀要用五星 0.8mm 的，如图 5-4 所示。

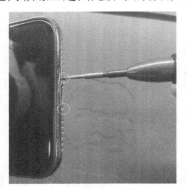

图 5-3　拆底部螺丝

图 5-4　五星 0.8mm 螺丝刀

第 2 步　用热风枪吹热机身边缘，如图 5-5 所示。iPhone X 的屏幕和机身除用底部螺丝连接在一起外，还用了防水胶。这种胶类似双面胶，黏度很大。只有将 iPhone X 机身吹热以后，手机屏幕和机身之间的防水胶才会软化，软化后才容易将屏幕和机身分离。热风枪温度不能开太高，一般 150℃加热 3min 左右即可；如果温度过高，容易把显示屏弄坏。

第 3 步　当 iPhone X 的机身被吹热以后，用吸盘吸住屏幕底部，然后往上提，如图 5-6 所示。往上提时切勿用蛮力，用力过大容易把屏幕排线扯坏。先从底部两个角撬开一条缝，有空隙后再用柔软的薄拆机

图 5-5　用热风枪吹热机身边缘

片插入屏幕和机身之间的缝隙并慢慢划开，如图 5-7 所示。因为屏幕和机身之间的胶被加热后已经软化了，所以很容易插入薄拆机片进行分离。

注意：先只是划开一圈防水胶，千万不要一下全部揭起来。

图 5-6　往上提吸盘

图 5-7　沿缝隙慢慢划开

第 4 步　屏幕部分和机身缝隙被划开后，将手机放正，然后从左往右轻轻揭开屏幕。这时要注意，手机的顶部位置有 3 个卡扣，先揭开下面，然后再把屏幕轻轻向下带一带，就可以把整个屏幕揭起来了。揭开角度不要超过 90°，如果揭开角度过大，很容易把排线扯断。揭开后可以看到屏幕的排线，如图 5-8 所示。

图 5-8　屏幕被揭开

第 5 步　揭开屏幕后，可以看到里面有很多排线、螺丝等。如果要拆卸屏幕，先要拆掉压住排线的铁片螺丝。这些铁片螺丝需要使用三角螺丝刀才能拧开，如图 5-9 所示，里面共有 5 颗螺丝需要拧下来。

注意：因为这 5 颗螺丝大小长短不一，应放好并记清楚对应位置（非常重要）。如果上错位置，在扣屏幕时会把屏幕顶坏。

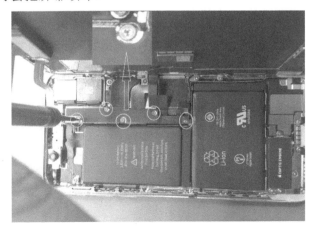

图 5-9　拆掉压住排线的铁片螺丝

第 6 步　拧下螺丝，把铁片拿掉后会发现有很多连接线。因为带电操作容易烧坏手机，所以需要先拆电池连接排线，如图 5-10 所示。

图 5-10　拆电池连接排线

接着拆显示屏、触摸屏、前置听筒连接排线，如图 5-11 所示。

图 5-11　拆显示屏、触摸屏、前置听筒连接排线

这几个排线分开后，屏幕就可以和主板全部分开了，如图 5-12 所示。

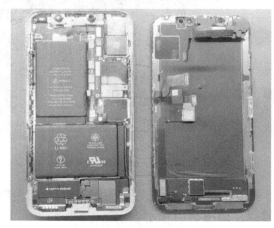

图 5-12　屏幕和主板分开

5.2　拆电池

手机在较长时间的使用后，电池会老化，导致容量下降，这时就需要更换电池了。更换电池的过程中，切勿用尖锐物品捅破电池，以免造成电池爆燃失火。

在拆电池时，先打开手机后壳，可以看到电池由排线连接在主板上，排线由固定铁片（见图 5-13）加两颗螺丝固定；然后用十字螺丝刀拆下螺丝和固定铁片，如图 5-14 所示。

图 5-13　固定电池排线的铁片

图 5-14　拆下螺丝和固定铁片

拆下固定排线的铁片后，依次断开连接在主板上的软排线，如图 5-15 所示。断开排线后就可以拆下电池了，如图 5-16 所示。

图 5-15　断开软排线

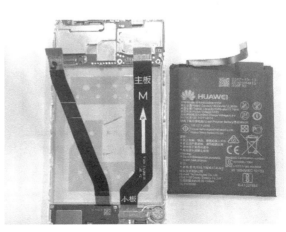

图 5-16　拆下电池

5.3 拆听筒

在打电话时我们需要通过听筒听到对方说话的声音，听筒故障会造成声音小、无声音等现象。当出现此故障时，可以更换听筒。拆开手机后壳后找到听筒的位置。本节举例的机型听筒被直接固定在中框内（见图5-17），可以用镊子将听筒直接取下（见图5-18）。

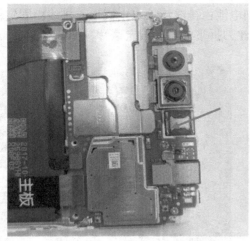 

图 5-17　听筒位置　　　　　　　　　　图 5-18　取下听筒

5.4 拆扬声器

在日常使用中，作为声音传输的器件，扬声器也是比较容易损坏的。遇到来电无铃声、无外放声音故障时，就可拆下并更换扬声器，来排除扬声器故障。对于本节举例的机型，只需要拆下手机后壳后我们就可以看到，扬声器由4颗螺丝固定（见图5-19），用十字螺丝刀拆下固定螺丝就可以取下扬声器（见图5-20）。

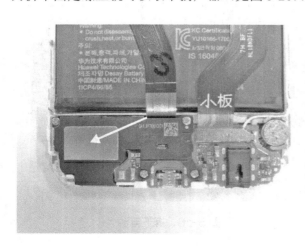 

图 5-19　固定扬声器螺丝　　　　　　　图 5-20　取下扬声器

5.5　拆尾插小板

　　手机需要通过尾插接口连接对电池进行充电。充电需要经常插拔数据线，会造成尾插接口磨损和损坏，造成手机不充电。我们可以通过更换手机尾插小板来排除是否为尾插小板故障导致的不充电。一般要拆开手机后壳尾插小板（见图 5-21），需要先拆扬声器。在手机底部需用十字螺丝刀将固定螺丝拆下，然后拆下扬声器，如图 5-22 所示。

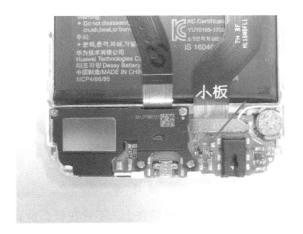

图 5-21　尾插小板

图 5-22　拆下扬声器

　　拆下扬声器，断开连接排线（见图 5-23）后，就可以取下尾插小板了，如图 5-24 所示。

图 5-23　断开连接排线

图 5-24　取下尾插小板

5.6 拆振动器

需要参照 5.5 节的介绍先将尾插小板取下，然后才可以拆下振动器，如图 5-25 所示。

图 5-25　拆下振动器

5.7 拆指纹模块

不同的手机，指纹模块的位置不同，有的在屏幕上，有的在后壳上，不管在什么位置，指纹模块的拆卸方法都差不多。以指纹模块在后壳为例，需要先将后壳拆开，露出后壳上的指纹模块，如图 5-26 所示。

拆开后壳后可以看到，指纹排线通过一颗螺丝由固定铁片固定在主板位置上。

拆下螺丝和固定铁片如图 5-27 所示。

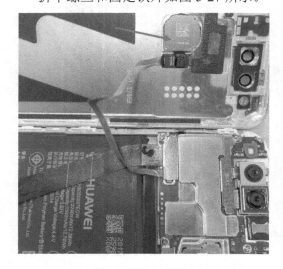

图 5-26　在后壳上的指纹模块

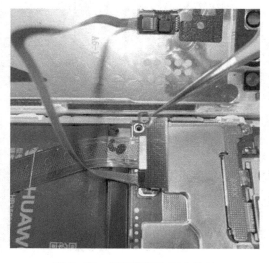

图 5-27　拆下螺丝和固定铁片

拆下固定铁片后就可以拆开指纹排线了，如图 5-28 所示。

指纹排线拆开后就可以拆下后壳上的指纹模块了，如图 5-29 所示。

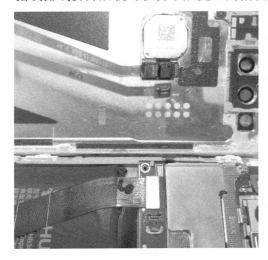 

　　图 5-28　拆开指纹排线　　　　　　　　图 5-29　拆下指纹模块

第 6 章　拆卸和焊接主板元器件

本章讲解维修中更换手机主板上元器件的操作方法。只有熟练地掌握了元器件的更换手法，才能保证手机的修复率。

6.1　拆卸和焊接小元器件

手机主板电路中的小元器件主要包括电阻、电容、电感、晶体管等（见图 6-1）。由于手机体积小、功能强大，电路比较复杂，决定了这些元器件必须采用表面贴装元器件（SMC/SMD）。表面贴装的安装密度高，减小了引线分布的影响。

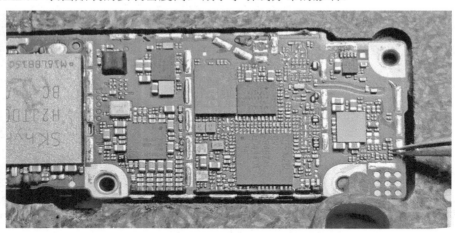

图 6-1　手机主板电路中的小元器件

一般使用热风枪拆卸和焊接（焊接时也可使用电烙铁）这些小元器件。在拆卸和焊接时一定要掌握好温度、风力、风速和风力的方向，操作不当，会将准备拆的小元器件吹跑，甚至还会将周围的小元器件吹偏离位置或吹跑。

6.1.1　焊接主板小元器件需要的工具

热风枪：用于拆卸和焊接。
电烙铁：用于焊接或补焊。

镊子：拆卸时，用于将小元器件夹住；焊锡熔化后，用于将小元器件取下；焊接时，用于固定小元器件。

维修平台：用于固定电路板。维修平台应可靠接地。

小刷子：用于清理小元器件周围的杂质。

助焊剂：可选焊膏或松香，将助焊剂加入小元器件周围便于拆卸和焊接。

清洗剂：无水酒精或天那水（醋酸正戊酯），用于清洁电路板。

6.1.2　拆卸小元器件的步骤

第 1 步　使用直风的快克 957DW+热风枪，温度调节为 300℃左右，风速调节为 3 挡左右，如图 6-2 所示。

图 6-2　调节快克 957DW+热风枪

第 2 步　用尖镊子轻轻夹住小元器件，热风枪对准小元器件加热，镊子左右轻轻摆动，直到将小元器件拆下，如图 6-3 所示。

图 6-3　用热风枪加热小元器件，用镊子将小元器件拆下

85

6.1.3 处理主板焊盘的步骤

第 1 步　拆下小元器件后，用镊子尖挑一点低温锡浆，如图 6-4 所示。

图 6-4　用镊子尖挑一点低温锡浆

第 2 步　在主板小元器件的焊盘上，加薄薄的一层低温锡浆，如图 6-5 所示。

图 6-5　在主板小元器件的焊盘上，加薄薄的一层低温锡浆

第 3 步　热风枪温度调节为 280℃，风速调节为 1 挡，给锡浆加热。锡浆熔化后，用镊子尖在焊盘上轻轻地来回刮，给焊盘均匀上锡，如图 6-6 所示。

图 6-6　给焊盘均匀上锡

6.1.4　焊接小元器件的步骤

第 1 步　用洗板水清理好焊盘上残留的锡珠与焊膏后，给焊盘涂薄薄的一层焊膏，如图 6-7 所示。

图 6-7　在焊盘上涂薄薄的一层焊膏

第 2 步　将拆下的小元器件放在焊盘上（小元器件一个一个焊接或者好几个一起焊接都可以），如图 6-8 所示。由于主板焊盘上有锡，所以，小元器件位置不好对准，可以先不用管，只要能放在焊盘边上就可以。

第 3 步　热风枪调节为 300℃，风速调节为 3 挡左右，一边用热风枪加热，一边用镊子轻轻拨动小元器件，让小元器件移动到正确的位置上，如图 6-9 所示。

注意：焊膏不宜过多，如果手抖，可以找一个支撑点。

图 6-8　将拆下的小元器件放在焊盘上

图 6-9　将小元器件移动到正确的位置上

87

第 4 步　调整小元器件位置后，可放少许焊膏进行加焊。待主板稍微冷却后，用洗板水将主板上的残余焊膏清洗干净即可，如图 6-10 所示。

图 6-10　焊接好小元器件

6.1.5　焊接小元器件的注意事项

（1）热风枪风速不能太高。
（2）焊盘上锡时锡浆不宜过多。
（3）镊子尖要干净不能太脏，否则小元器件容易粘在镊子上。
（4）镊子使用要稳定，避免碰掉周围其他小元器件。

6.2　拆卸和焊接塑胶座

一般如排线夹子、内联座、插座、SIM 卡卡座、电池触片、尾插等塑胶座（见图 6-11），受热容易变形。如果确实坏了，可像拆焊普通 IC 那样拆掉就行了。如果想拆下来还要保持完好，需要慎重处理。有一种旋转风热风枪，它的风量、热量均匀，一般不会吹坏塑胶座。

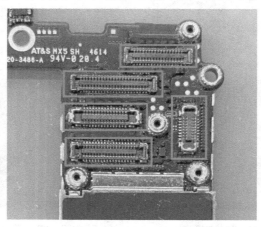

图 6-11　塑胶座

塑胶座故障在手机维修中占有很大的故障比例。下面讲解手机塑胶座的拆装和焊接方法。

6.2.1　拆卸和焊接塑胶座需要的工具

热风枪：用于拆卸和焊接。

镊子：拆卸时将塑胶座取下，焊接时对位塑胶座。

维修平台：用于固定电路板。维修平台应可靠接地。

小刷子：用于清理塑胶座周围的杂质。

锡浆：用于处理焊盘，让焊盘锡更饱满，减少焊接时的虚焊现象。

助焊剂：可选焊膏或松香。将助焊剂加入塑胶座周围便于拆卸和焊接。

清洗剂：无水酒精或天那水（醋酸正戊酯）：用于清洁电路板。

6.2.2　拆卸塑胶座的步骤

第 1 步　使用迅维 868D 热风枪，温度调节为 320℃左右，风速调节为 3 挡左右，如图 6-12 所示。

图 6-12　调节迅维 868D 热风枪

第 2 步　风嘴垂直，对准塑胶座上下来回均匀加热，如图 6-13 所示。

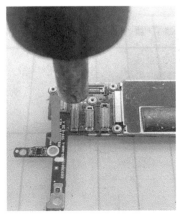

图 6-13　均匀加热塑胶座

第 3 步　热风枪一边加热，一边用镊子轻推塑胶座，直到塑胶座左右能移动，如图 6-14 所示。

图 6-14　热风枪一边加热，一边用镊子轻推塑胶座

第 4 步　热风枪一边加热，一边用镊子夹住塑胶座一端，如图 6-15 所示。

图 6-15　热风枪一边加热，一边用镊子夹住塑胶座一端

第 5 步　夹稳后，将塑胶座轻轻往上提，取下塑胶座，提起后迅速移开热风枪，如图 6-16 所示。

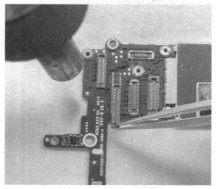

图 6-16　取下塑胶座

6.2.3　处理塑胶座焊盘的步骤

第 1 步　在焊盘上涂适量锡浆、少量焊膏，找一个和塑胶座宽度差不多的小元器件（电感或电容）放在上面，如图 6-17 所示。

图 6-17　在焊盘上涂适量锡浆、少量焊膏

第 2 步　用热风枪加热，锡浆熔化后，用镊子夹着小元器件在焊盘上来回拖动，以给焊盘均匀上锡，如图 6-18 所示。

图 6-18　给焊盘均匀上锡

第 3 步　焊盘上锡完成后，盖无尘布，用洗板水将焊盘清洗干净，如图 6-19 所示。

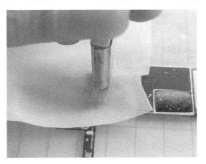

图 6-19　清洗焊盘

6.2.4 焊接塑胶座的步骤

第 1 步　在焊盘上涂薄薄一层焊膏，如图 6-20 所示。

第 2 步　将塑胶座放在焊盘上，并对齐脚位，热风枪来回均匀加热即可，如图 6-21 所示。

图 6-20　在焊盘上涂薄薄一层焊膏

图 6-21　均匀加热塑胶座

第 3 步　焊接完成（见图 6-22）后，等待主板冷却，给塑胶座盖上无尘布，用洗板水清洗干净。

图 6-22　焊接完成

6.2.5 焊接塑胶座的注意事项

（1）拆装时间不宜过长，否则容易导致塑胶座变形，周围元器件空焊松动。

（2）用镊子夹取塑胶座时，不要夹中间，否则会导致塑胶座变形。

6.3　拆卸和焊接无胶芯片

手机主板上的芯片主要是 BGA 芯片。

这些 BGA 芯片的焊接方式有两种：一种是直接焊接在主板上；另一种是焊接在主板上后，再给芯片打上专用胶水，待胶水固化后就起到固定芯片并加强散热的效果。

本节主要讲解主板上没有打胶水芯片（维修中称为无胶芯片）的拆卸和焊接方法。

无胶芯片非常多，如常见的充电芯片、音频芯片、铃声放大芯片、显示芯片等。iPhone主板上的无胶芯片如图 6-23 所示。

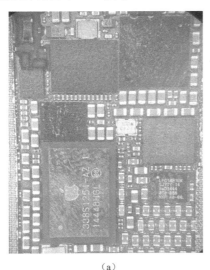 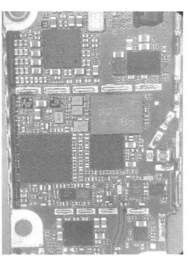

（a）　　　　　　　　　　　　　（b）

图 6-23　iPhone 主板上的无胶芯片

6.3.1　拆卸和焊接无胶芯片需要的工具

热风枪：用于拆卸和焊接芯片。

电烙铁：用于处理主板焊盘、芯片焊盘。

镊子：拆芯片时用于稳定地取下芯片，装芯片时用于对位芯片。

维修平台：用于固定电路板。维修平台应可靠接地。

小刷子：用于清理芯片、主板上的杂质。

锡浆：用于处理焊盘，让焊盘锡更饱满，减少焊接时虚焊的现象。

助焊剂：一般选用焊膏，用于处理主板和芯片的焊盘，焊接芯片。

吸锡带：用于处理干净主板焊盘和芯片焊盘残余的焊锡。

清洗剂：无水酒精或天那水（醋酸正戊酯），用于清洁电路板。

6.3.2　拆卸无胶芯片的步骤

第 1 步　将快克 957DW 直风热风枪的温度调节为 450℃，风速调节为 5～8 挡，如图 6-24 所示。

图 6-24　调节快克 957DW 直风热风枪

　　第 2 步　热风枪在芯片上方均匀加热，用镊子夹住芯片的两边，轻轻往上提，达到锡的熔点后，芯片就可以轻松取下，如图 6-25（a）所示。

　　另一种取下芯片的方法：热风枪在芯片上方均匀加热，用特别尖的镊子，把镊子尖从芯片边缘缝隙轻轻插进去，一脚轻轻用力往上撬，达到锡的熔点后，就可以将芯片轻松取下，如图 6-25（b）所示。

（a）

（b）

图 6-25　取下无胶芯片

6.3.3 处理无胶芯片主板焊盘的步骤

第 1 步 取下芯片后，开始处理焊盘。在焊盘上涂少量焊油，电烙铁蘸少许低温锡浆，将主板焊盘均匀拖一遍，中和焊盘上的高温锡，如图 6-26 所示。

图 6-26 中和焊盘上的高温锡

第 2 步 焊盘上加少量焊膏，电烙铁压住吸锡线，拖掉焊盘上多余的锡渣，拖平主板焊盘，如图 6-27 所示。

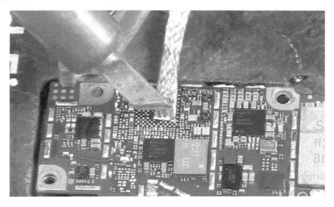

图 6-27 拖平主板焊盘

第 3 步 稍微冷却后，盖上无尘布，用毛刷将主板焊盘清理干净，如图 6-28 所示。

图 6-28 清理主板焊盘

处理好的主板焊盘如图 6-29 所示。

图 6-29　处理好的主板焊盘

6.3.4　无胶芯片植球的步骤

第 1 步　在芯片焊盘上加少量焊膏，电烙铁温度为 300℃左右，拖掉焊盘上多余的锡渣，并将焊盘清理干净，如图 6-30 所示。

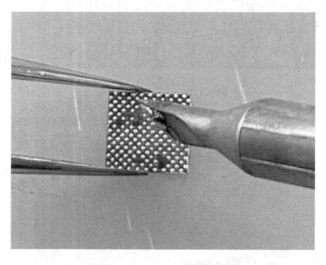

图 6-30　处理芯片焊盘

第 2 步　用植锡刀片刮上常温锡浆，如果锡浆太湿，可以用无尘布吸一下，如图 6-31
所示。

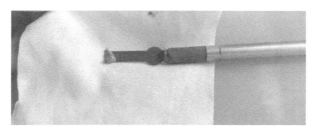

图 6-31　用植锡刀片刮上常温锡浆

第 3 步　把钢网清洗干净，将芯片焊点与钢网对齐，对齐后能看到每个孔都是发亮的，
如图 6-32 所示。如果错位，会导致连锡、爆锡、植球失败。

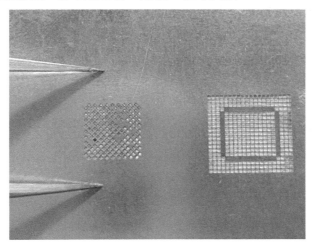

图 6-32　芯片焊点与钢网对齐

第 4 步　用镊子压住钢网不动，用刀片轻轻地将每个网孔都抹上锡浆，如图 6-33 所示。

图 6-33　上锡浆

第 5 步　用无尘布将网孔上残留的多余锡浆擦掉，避免加热后造成连锡，如图 6-34 所示。

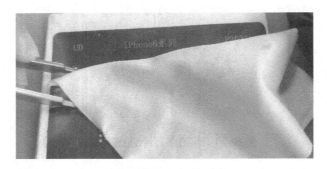

图 6-34　清除网孔上残留的多余锡浆

第 6 步　热风枪设为 250℃，均匀加热涂抹锡浆的网面，直到所有锡浆发亮变成锡球，如图 6-35 所示。

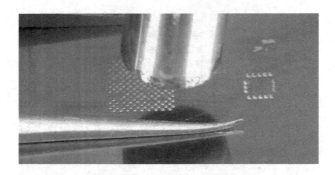

图 6-35　加热使锡浆变成锡球

第 7 步　待冷却后，将芯片从钢网上取下，植球完成，如图 6-36 所示。

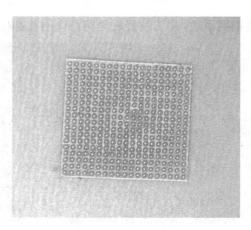

图 6-36　植好球的芯片

6.3.5　焊接无胶芯片的步骤

第 1 步　在主板焊盘上涂上薄薄的一层焊膏，如图 6-37 所示。

图 6-37　在主板焊盘上涂上薄薄的一层焊膏

第 2 步　将芯片与焊盘位置对齐，注意芯片四周边缘，与周围小元器件的距离差不多相等，如图 6-38 所示。

图 6-38　芯片对位

第 3 步　将直风热风枪温度调节为 400℃左右，风速调节为 1 挡或 2 挡，在芯片上方均匀加热，从侧面看到芯片塌下即可，如图 6-39 所示。

图 6-39　芯片焊接完成

6.3.6 拆卸和焊接无胶芯片的注意事项

（1）植锡时，钢网要紧贴芯片，加热要均匀。
（2）焊盘拖平时要注意手法，不要损伤底层。
（3）焊盘最后要清洗干净。

6.4 拆卸和焊接打胶芯片

为了加强芯片的散热，手机生产厂家在焊接好芯片后，会给芯片打上一种胶水，当胶水固化后能增加芯片与主板的接触面，从而加强芯片散热。由于芯片被打了胶，所以在拆卸时就需要增加一个除胶的步骤，并且增加了拆卸难度。

手机主板上常见的打胶芯片有 CPU、电源芯片、基带芯片、Wi-Fi 芯片等。

6.4.1 拆卸和焊接打胶芯片需要的工具

热风枪、电烙铁、锡浆、助焊剂、清洗剂、植锡钢网、吸锡带、手术刀、主板焊接夹具、除胶刀等。

6.4.2 清理打胶芯片边胶的步骤

基带芯片四周有很多小元器件和黑胶凝固在一起，如果不除掉基带芯片的边胶，在撬基带芯片时，很容易把小元器件一起撬掉，如图 6-40 所示。

图 6-40 基带芯片实物图

第 1 步　将手机主板放到主板焊接夹具上固定好，对基带芯片周围的元器件进行隔离，贴上耐高温隔热胶带，防止焊接时将周围的元器件碰掉或焊坏，如图 6-41 所示。

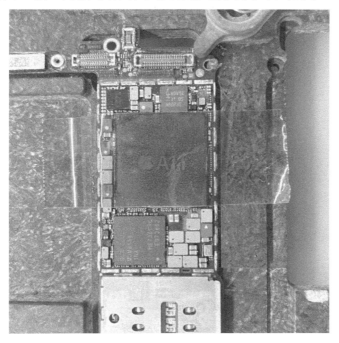

图 6-41　固定好主板，做好隔离

第 2 步　使用迅维 868D 旋转风热风枪，温度调节为 300～330℃，风速调节为 3 挡或 4 挡，如图 6-42 所示。

图 6-42　调节迅维 868D 旋转风热风枪

第 3 步　使用热风枪均匀加热芯片四周的黑胶（边胶），待黑胶软时，用除胶刀轻轻地将黑胶刮掉，如图 6-43 所示。

注意：刮胶时用力要均匀，不能用力刮，刮刀不能太锋利。

图 6-43　除边胶

6.4.3　拆卸打胶芯片的步骤

第 1 步　由于芯片边上有很多小元器件，在撬芯片时找个空间大的地方下刀。

第 2 步　准备好用于拆卸打胶芯片的撬刀，选择好下刀的位置，如图 6-44 所示。

图 6-44　选择好下刀的位置

　　第 3 步　旋转风热风枪的温度调节为 320℃左右，风速调节为 2～5 挡，均匀加热芯片上方（见图 6-45），加热 10s 左右慢慢扭动撬刀，试探一下芯片的锡是否已经熔化。

　　注意：未熔化时不能硬用力扭动。

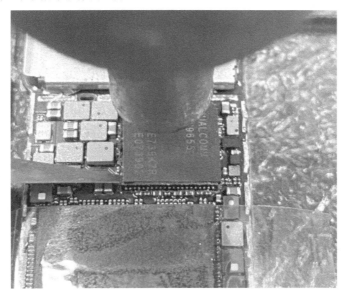

图 6-45　均匀加热芯片上方

　　第 4 步　待芯片锡完全熔化时，借助巧力将芯片撬下来，如图 6-46 所示。

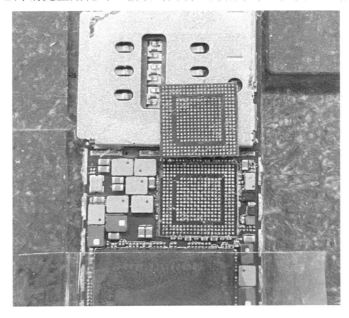

图 6-46　拆下芯片

6.4.4 处理打胶芯片主板焊盘的步骤

第 1 步　用电烙铁蘸低温锡浆，在焊盘上拖一遍，目的是将焊盘锡的熔化温度降低，利于除胶，如图 6-47 所示。

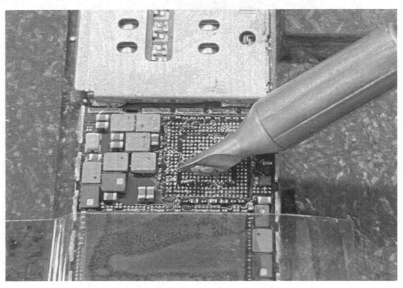

图 6-47　将焊盘锡的熔化温度降低

第 2 步　准备好刮刀，热风枪温度设为 250℃，对着焊盘加热，锡熔化时用刮刀刮掉焊盘上的黑胶，如图 6-48 所示。

图 6-48　焊盘除胶

第 3 步　焊盘除完黑胶后，用电烙铁压住吸锡线，拖平焊盘，如图 6-49 所示。

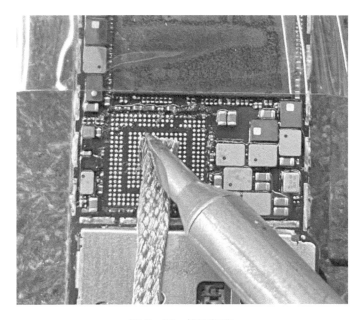

图 6-49　拖平焊盘

第 4 步　拖平焊盘后，待主板冷却一下，盖上无尘布，用洗板水将焊盘清洗干净，如图 6-50 所示。

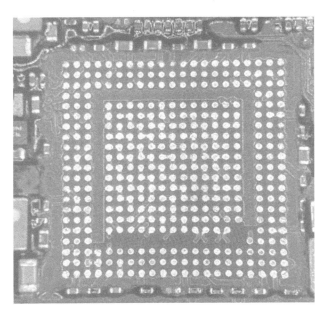

图 6-50　将焊盘处理干净

6.4.5 处理打胶芯片焊盘的步骤

第 1 步　在芯片上加适量低温锡，如图 6-51 所示。

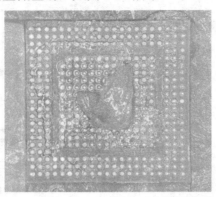

图 6-51　加适量低温锡

第 2 步　用电烙铁将芯片上的锡浆拖一遍，目的是中和高温锡，将芯片锡点的温度降低，利于除胶，如图 6-52 所示。

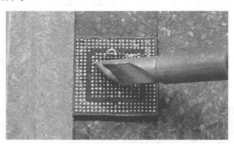

图 6-52　中和高温锡

第 3 步　使用旋转风热风枪，温度调节为 300℃左右，风速调节为 2 挡或 3 挡，在芯片上方 2cm 左右高度，给芯片均匀加热，当锡熔化时，用刮刀将芯片上的黑胶刮掉，如图 6-53 所示。

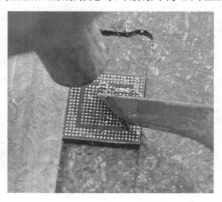

图 6-53　芯片除胶

第 4 步　将芯片上的黑胶刮掉后，用吸锡带拖掉焊盘上残留的残锡，如图 6-54 所示。

图 6-54　焊盘拖锡

第 5 步　待稍微冷却后，盖上无尘布，用洗板水将焊盘清洗干净，如图 6-55 所示。

图 6-55　将焊盘清洗干净

6.4.6　打胶芯片植锡的步骤

第 1 步　准备好锡浆，如果锡浆太湿，可以用无尘布吸掉多余的焊油，如图 6-56 所示。

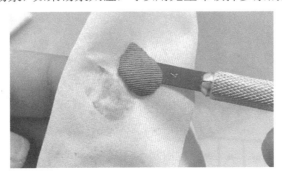

图 6-56　锡浆

第 2 步 把钢网洗干净，将基带芯片焊点与钢网孔对齐，如图 6-57 所示。如果错位，会导致连锡、爆锡、植球失败。

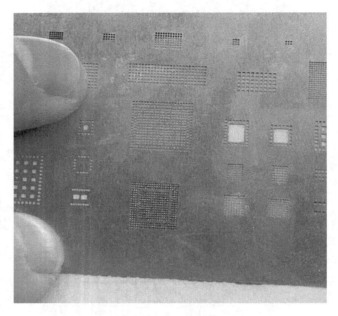

图 6-57 将焊点与钢网对齐

第 3 步 用镊子压住钢网不要动，用刀片轻轻地将每个网孔都抹上锡浆，如图 6-58 所示。

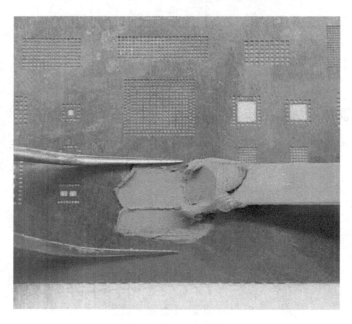

图 6-58 抹上锡浆

第 4 步　用无尘布将多余的锡浆擦掉，如图 6-59 所示。

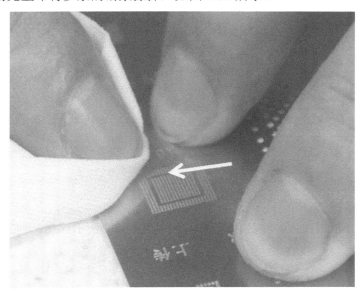

图 6-59　清理多余的锡浆

第 5 步　使用旋转风热风枪，温度调节为 280℃，风速调节为 2 挡或 3 挡，均匀加热涂抹锡浆的钢网，直到所有锡浆熔化成锡球，如图 6-60 所示。

图 6-60　均匀加热钢网

注意：热风枪的温度应尽量低，防止爆锡。

第 6 步　将芯片从钢网上取下，加少许焊膏，用热风枪加热，让锡球归位，如图 6-61 所示。

图 6-61　锡球归位

第 7 步　芯片植锡完成，将芯片清洗干净，如图 6-62 所示。

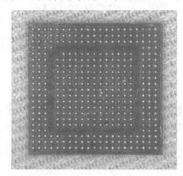

图 6-62　芯片植锡完成并清洗干净

6.4.7　焊接打胶芯片的步骤

第 1 步　在主板焊盘上涂抹薄薄的一层焊膏，如图 6-63 所示。

图 6-63　在主板焊盘上涂抹薄薄的一层焊膏

第 2 步　芯片和焊盘对准位置，注意芯片的方向，以及与四周小元器件的距离，如图 6-64 所示。

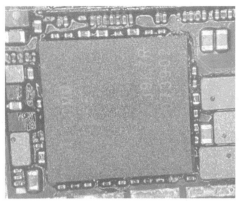

图 6-64　芯片和焊盘对准位置

第 3 步　使用旋转风热风枪，温度调节为 300℃ 左右，风速调节为 3～5 挡，在芯片上方均匀加热，在侧面看到芯片下沉后，再加热 5s 左右即可，芯片焊接完成，如图 6-65 所示。

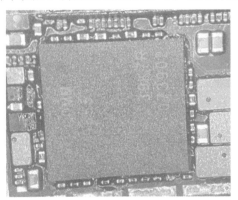

图 6-65　芯片焊接完成

第 4 步　稍微冷却后，盖上无尘布，清洗残留的焊膏和锡球，如图 6-66 所示。

图 6-66　清洗残留的焊膏和锡球

清洗后的焊接效果如图 6-67 所示。

图 6-67　清洗后的焊接效果

第 7 章　维修苹果手机

iPhone 是苹果公司研发的智能手机系列，2007 年 1 月发布第一代 iPhone 2G，直到 2021 年已经相继发布至 iPhone 12，共 14 代产品。

苹果公司 iPhone 智能手机从 iPhone 6 开始，硬件架构上就已成熟，往后的机型都大同小异，主要是提升性能和附加应用功能。从 iPhone X 开始为了节省手机内部空间，主板由以前的双面单板，改为双板贴合的方式。iPhone 6 至 iPhone 8 Plus 的机型在设计方面都有些缺陷，就是平时维修所说的通病。从 iPhone X 开始采用双板贴合设计时，又出现手机摔过后，两板中间贴合部分容易出现掉点、断线、虚焊的故障。

在维修苹果智能手机时掌握不同机型的通病，再加上各功能模块的维修思路，灵活地使用就会得到非常好的效果。

对于苹果手机常见故障的维修，本章以维修流程配合维修案例的方式讲解。

7.1　维修接电大电流故障

接电大电流故障的现象为，接上电源线后，可调电源显示电流跳到 500mA 以上。正常手机主板接上电源线时，电流是 0mA。接电大电流故障是实际维修中最常见的一种故障，此类故障一般是由于主板的电池供电、主供电、BOOST 供电线路上元器件短路导致的。

接电大电流故障的维修流程如图 7-1 所示。

维修案例：iPhone 8 Plus 接电大电流不开机

接到一台 iPhone 8 Plus 故障机，客户描述故障是晚上充电后第二天起来就不开机了，插充电器没有任何反应。

拆开手机，接上可调电源，查看可调电源的电流表，发现故障为接电大电流、短路，如图 7-2 所示。

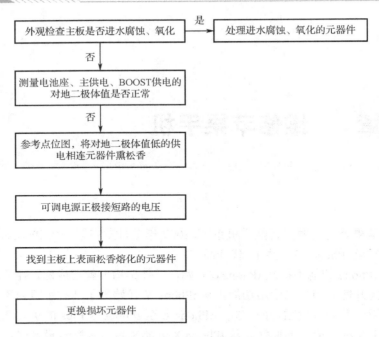

图 7-1　接电大电流故障的维修流程

图 7-2　手机接电短路

根据接电大电流故障维修流程的指导，用万用表测量电池电压和主供电的对地二极体值，判断故障范围。查看点位图找到电池供电和主供电的测量点，如图 7-3 和图 7-4 所示。

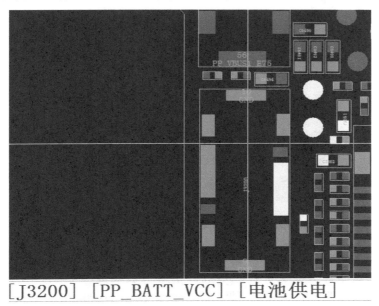

[J3200]　[PP_BATT_VCC]　[电池供电]

图 7-3　电池供电的测量点

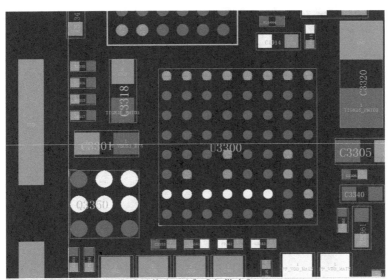

Q3350]　[PP_VDD_MAIN]　[阻值(420)]　[主供电]

图 7-4　主供电的测量点

经过测量发现是 PP_VDD_MAIN 主供电电路对地短路导致的故障。

接可调电源，用手摸主板，发现主板下方发热。将主板上与主供电相连的元器件熏上松香，再次接可调电源，发现有两处发烫并且元器件表面的松香最先熔化，如图 7-5 所示。

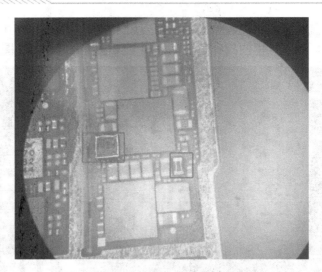

图 7-5   通过熏松香找到发热元器件

发烫的地方为充电管 Q3350 和滤波电容 C4909。因为电池电压需要通过 Q3350 到主供电，主供电线路短路会使 Q3350 承受大电流，所以才会发烫，问题肯定在电容 C4909 上。把电容 C4909 去掉之后，再次接上可调电源，查看电流为 0.001mA，说明已经不短路了，如图 7-6 所示。

图 7-6   电流正常了

按开机键开机，手机直接开机并且直接进系统，到了输入密码的界面，如图 7-7 所示。输入密码后进入操作界面，测试所有功能均正常。维修到此结束。

图 7-7　输入密码界面

7.2　维修接电小电流漏电故障

接电小电流漏电故障的现象为,接上可调电源后,可调电源的电流表直接显示有 500mA 以下的电流。正常手机主板接上电源线时，电流是 0mA。接电小电流漏电故障是维修中常见的故障,此类故障一般是由于主板的电池供电、主供电、BOOST 供电线路上元器件老化、轻微短路损坏导致的。

接电小电流漏电故障的维修流程如图 7-8 所示。

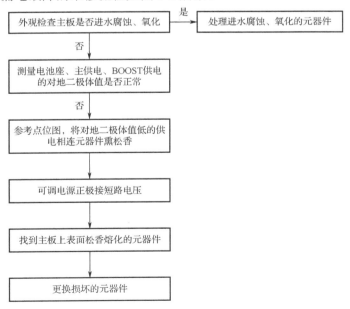

图 7-8　接电小电流漏电故障的维修流程

维修案例：iPhone 7 进水不能开机

不能开机的手机，我们可以直接拆机，接可调电源查看电流。查看电流为 268mA，如图 7-9 所示。如果漏电电流为 200mA 或者 200mA 以上时，主板通常会有明显发烫的地方。

图 7-9　接电漏电电流实测图

由于是进水机，需要仔细检测有没有腐蚀严重的元器件。在显微镜下仔细观察主板，发现 CPU 上方的一颗电容已经被腐蚀发黑，如图 7-10 所示。接电时用手摸此电容时，电容发烫，说明此电容短路。

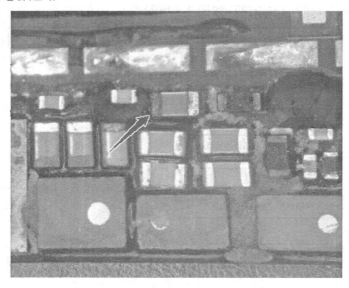

图 7-10　电容发黑

用工具将电容取下，然后再次接上可调电源，发现电流为 0mA，正常，如图 7-11 所示。

图 7-11　电流实测图

装上手机屏幕，按开机键开机，手机正常进入到系统，如图 7-12 所示。维修到此结束。

图 7-12　开机实测图

7.3 维修触发无反应故障

触发无反应故障的现象为，接上可调电源后，按开关键，可调电源显示电流无变化。此类故障一般是电源的开机条件不正常或者电源损坏导致的。

触发无反应故障的维修流程如图 7-13 所示。

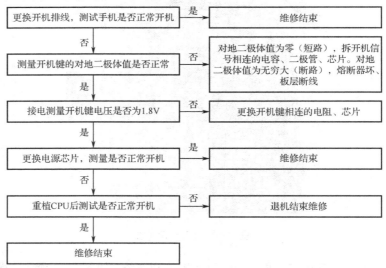

图 7-13　触发无反应故障的维修流程

维修案例：iPhone 6 Plus 不触发

同行寄修，发了一个单板过来。描述故障说客户手机晚上充电，第二天开不了机了。

像这种故障，维修时第一步都是先接可调电源触发看电流的跳变，如果电流跳变正常，那么很可能是显示部分的问题。

接可调电源短接开机键触发，发现电流不跳变。像这种不触发的问题可先测开机键有没有 1.8V 电压，测量发现电压只有 1.3V 左右，明显偏低，如图 7-14 所示。

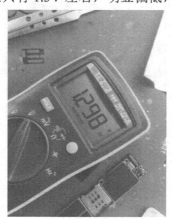

图 7-14　开机键电压低

发现电压偏低后，断电测得开机键的对地二极体值为 534（见图 7-15），正常，没发现有被拉低或者短路的情况。

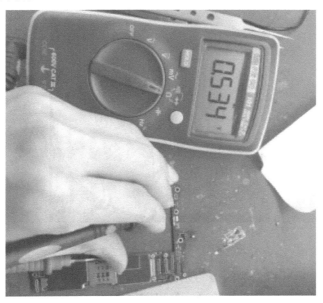

图 7-15　测量开机键的对地二极体值

iPhone6 Plus 的开机键是由电源输出的 1.8V 待机 P1V8_ALWAYS 提供上拉的。找到开机键的上拉电阻，如图 7-16 所示，测是不是上拉的 1.8V 电压有问题。

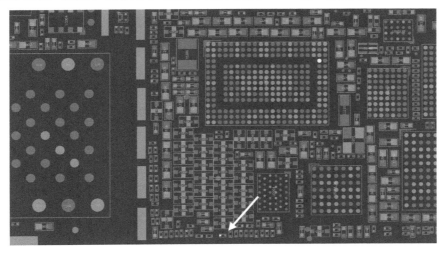

图 7-16　开机键的上拉电阻

经测量电阻连接 1.8V 待机 PP1V8_ALWAYS 上拉的一端都正常，但是连接开机信号的一端电压只有 1.3V，看来故障和 PP1V8_ALWAYS 那一端没关系，问题肯定是在开机信号 BUTTON_TO_AP_HOLD_KEY_L 这端了。

在显微镜下观察相关元器件是否有被腐蚀或者破损的情况，经观察没发现有问题，如图 7-17 所示。

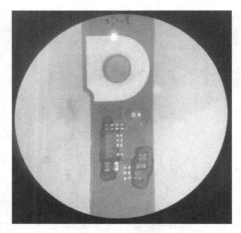

图 7-17　开机信号相连元器件

现在只能一个个拆开机信号线上的元器件了。平时维修中遇到二极管损坏的可能性比较大，因为电容损坏一般都是直接短路，而电感损坏不会出现拉低或者短路。

将二极管拆掉，再次接电测量开机键的电压，发现电压为正常的 1.8V 了。

将主板装回手机中，接电按开机键开机测试，手机正常开机，进入输入密码界面，如图 7-18 所示。维修到此结束。

图 7-18　输入密码界面

7.4　维修无显示故障

无显示故障也称为不显示故障，就是开机无显示，该故障在客户手中就叫不开机，故障现象是手机按开机键后，电流能正常按 0mA—50mA—100mA—160mA—200mA 阶梯式上升跳变，并且电流能跳到 1A 以上的正常开机电流，但显示屏就是不显示图像。开机无显示的故障是由于显示屏坏、显示屏工作条件不满足导致的。

无显示故障的维修流程如图 7-19 所示。

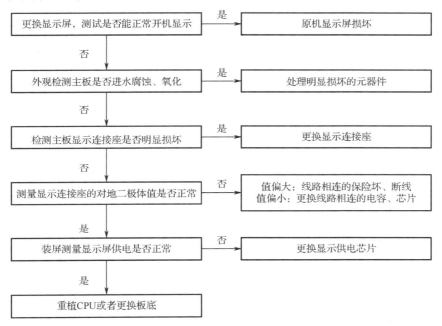

图 7-19　无显示故障的维修流程

维修案例：iPhone 6S 开机无显示

客户描述说手机可以开机，打电话可以打通，但屏幕无显示。

拆机，首先更换屏幕，排除屏幕损坏导致的无显示。更换屏幕后同样无显示，判断是主板问题。

拆出主板，在显微镜下检查，没有发现明显损坏的地方。用万用表测量显示座 J4200 的对地二极体值，发现显示座 41 脚 PP5V7_LCM_AVDDH_CONN 显示屏 5.7V 供电的对地二极体值只有 17，说明此线路短路了，如图 7-20 所示。

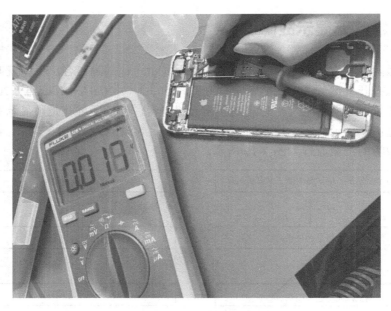

图 7-20　显示屏 5.7V 供电的对地二极体值实测不正常

因为 PP5V7_LCM_AVDDH_CONN 线路连接的电容比较多，所以采用熏松香法检修。直接将短路的此条线路上的所有元器件都熏上松香，再次接可调电源按开机键开机，发现电容 C4201 上的松香已经熔化了，确定此电容短路，如图 7-21 所示。

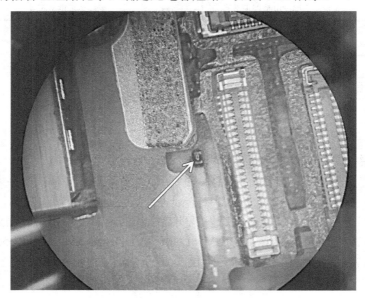

图 7-21　电容 C4201 短路

用镊子直接将电容 C4201 拆掉，再测量显示屏 5.7V 供电的对地二极体值为 492，已经恢复正常，如图 7-22 所示。

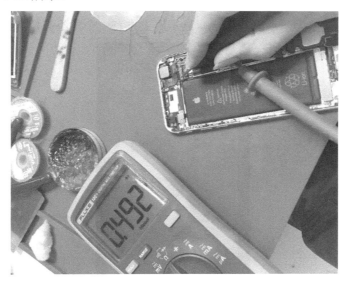

图 7-22　显示屏 5.7V 供电的对地二极体值实测正常

将主板装到手机中，按开机键开机，显示屏显示正常，测量所有功能正常，如图 7-23 所示。维修到此结束。

图 7-23　亮机实测图

7.5　维修阴阳屏故障

阴阳屏故障的现象为，手机开机后，显示屏上方有一个角不亮，如图 7-24 所示。

图 7-24　阴阳屏故障

阴阳屏故障一般出在采用 LED 背光屏的机型中，是由于屏或者背光线路有问题导致其中一根背光灯管不工作引起的。

阴阳屏故障的维修流程如图 7-25 所示。

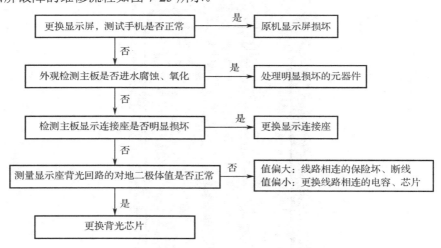

图 7-25　阴阳屏故障的维修流程

维修案例：iPhone 6S Plus 阴阳屏

客户描述手机屏幕左上角不亮，屏幕中间有多处白点。

拿到手机后开机测试，发现屏幕左上角有一小块黑色，屏幕中间有几片白色小块，如

图 7-26 所示。

图 7-26　故障现象

白色小块是手机进水引起的。对于这种屏幕小块背光不亮发黑故障，在 5.5 英寸屏的 iPhone 中，一般都是背光供电问题导致的。

拆出主板，在显微镜下观察，发现元器件有发黑烧坏的痕迹，如图 7-27 所示。打开鑫智造查图纸得知是背光供电保险电感 FL4291。

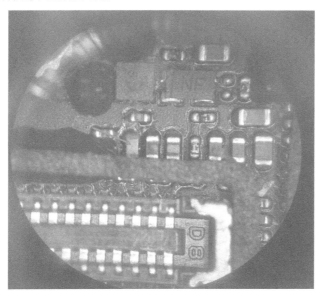

图 7-27　电感 FL4291 发黑烧坏

用万用表测得显示座第 5 脚的对地二极体值为 0L（无穷大）；测量电感 FL4291 另一端的对地二极体值则正常，判断电感 FL4291 损坏。

更换电感 FL4291，如图 7-28 所示。再次测显示座第 5 脚的对地二极体值，值正常了。

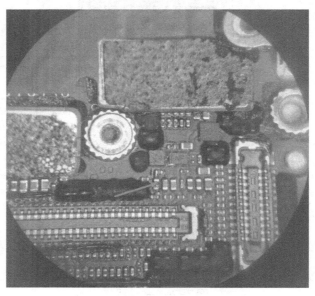

图 7-28　更换电感 FL4291

开机测试，屏幕显示正常了，如图 7-29 所示。维修到此结束。

图 7-29　屏幕显示正常

7.6 维修无触摸故障

无触摸故障的现象为，手机开机后用手点屏幕没有反应，造成大部分苹果手机开机后，在输入密码界面无法输入密码解锁。

触摸类故障是由于触摸组件损坏或者主板上触摸屏的工作条件不正常导致的。

无触摸故障的维修流程如图 7-30 所示。

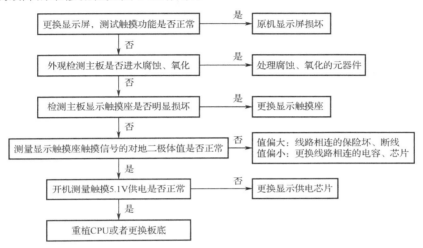

图 7-30　无触摸故障的维修流程

维修案例：iPhone 8 Plus 换屏幕后无触摸

客户描述手机更换屏幕后触摸功能不能使用，手机里面有重要资料。

拿到手机后，首先开机测试，确实触摸功能不能使用，如图 7-31 所示。

图 7-31　故障现象

首先更换屏幕测试，故障依旧，说明故障在主板上。把主板拆出来，在显微镜下检查外观，没有发现异常。用万用表测量显示触摸座的对地二极体值，测量时发现显示触摸座（见图 7-32）第 7 脚的对地二极体值为无穷大，说明断路。

图 7-32　显示触摸座实物图

打开鑫智造维修软件查看图纸得知，此线路经过一个保险电感 FL5776 到 CPU，如图 7-33 所示。

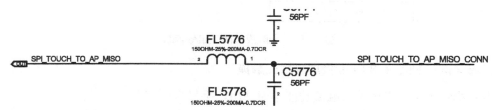

图 7-33　电路图中保险电感 FL5776

测量电感 FL5776 另一端的对地二极体值正常，直接将电感位置用锡短接，如图 7-34 所示。再测量显示触摸座，第 7 脚的对地二极体值已恢复正常。

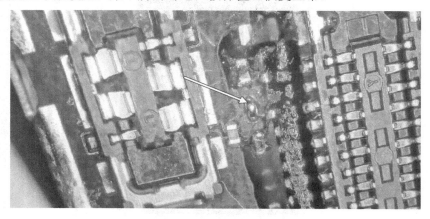

图 7-34　短接电感 FL5776

将主板装到手机中开机测试，触摸功能正常了，如图 7-35 所示。维修到此结束。

图 7-35　触摸功能实测图

7.7　维修打不开摄像头故障

如果摄像头有问题就会导致启动相机功能时，手机屏只显示相机的功能按钮图标而看不到图像。

打不开摄像头故障是由于摄像头本体损坏，或者主板上给摄像头提供的工作条件不正常导致的。

打不开摄像头故障的维修流程如图 7-36 所示。

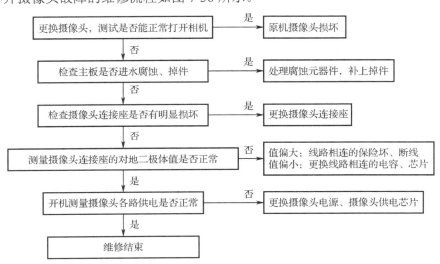

图 7-36　打不开摄像头故障的维修流程

维修案例：iPhone 8 Plus 无法拍照，打不开闪光灯

客户描述打不开闪光灯和后置摄像头。

拿到手机后，首先开机打开相机测试，确实打不开后置摄像头，如图 7-37 所示。

图 7-37　故障实测图

首先，更换后置摄像头测试，更换后故障依旧，说明不是摄像头的问题，故障在主板上。

拆出主板，在显微镜下观察主板的后置摄像头座，没有发现明显异常。用万用表测量远景摄像头连接座 J4000 和广角摄像头连接座 J3900 的对地二极体值，当测到远景摄像头连接座 J4000（见图 7-38）第 14 脚的 PP3V3_SVDD 摄像头连接座供电的对地二极体值时，发现值为无穷大。

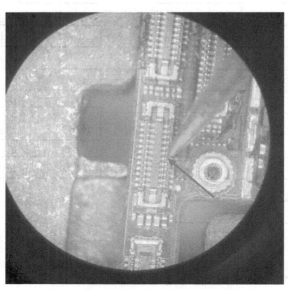

图 7-38　远景摄像头连接座 J4000 实物图

根据图 7-39 得知，此 PP3V3_SVDD 由摄像头电源芯片 U3700 输出 3.3V 的供电，再分别给远景摄像头连接座 J4000 和广角摄像头连接座 J3900，为后置摄像头供电。如果没有这个 3.3V 供电产生，就会导致后置摄像头打不开、闪光灯打不开。

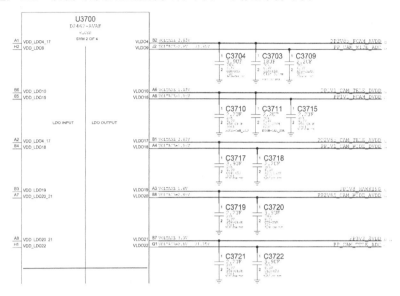

图 7-39　PP3V3_SVDD 相关电路图

确定故障后，拆下摄像头电源，更换新摄像头电源芯片 U3700。然后装机开机测试，后置摄像头和闪光灯都可以正常打开，如图 7-40 所示。维修到此结束。

（a）　　　　　　　　　　　　　　　（b）

图 7-40　功能实测图

7.8 维修打不开 Wi-Fi 故障

打不开 Wi-Fi 故障的现象为 Wi-Fi 开关灰色点不动，从而导致无法搜索、连接 Wi-Fi 热点，如图 7-41 所示。

图 7-41 打不开 Wi-Fi

打不开 Wi-Fi 是由于 Wi-Fi 芯片损坏，或者 Wi-Fi 工作条件相关的线路有问题导致的。打不开 Wi-Fi 故障的维修流程如图 7-42 所示。

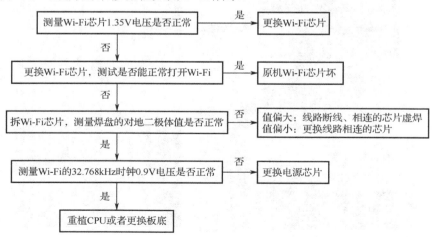

图 7-42 打不开 Wi-Fi 故障的维修流程

维修案例：iPhone X 自动重启后打不开 Wi-Fi

客户描述手机正常使用自动重启后，打不开 Wi-Fi。

根据客户的故障描述，拿到手机后，首先开机进入系统测试，点 Wi-Fi 的启动开关，发现开关为白色点不动，如图 7-43 所示。

图 7-43　Wi-Fi 的启动开关为白色，点不动

打开"设置"→"关于本机"界面，发现"Wi-Fi 地址"选项显示为"不适用"，如图 7-44 所示。

图 7-44　Wi-Fi 地址不适用

拆开手机，取出主板，将主板分层。万用表测得中框 Wi-Fi 信号焊盘的对地二极体值无异常，取下 Wi-Fi 芯片，如图 7-45 所示。

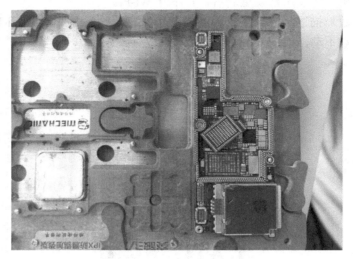

图 7-45　取下 Wi-Fi 芯片

取下 Wi-Fi 芯片后处理焊盘黑胶，更换好的 Wi-Fi 芯片。将硬盘拆下，解绑硬盘 Wi-Fi 数据。安装好硬盘，用 iPhone X 维修专业测试架开机测试，Wi-Fi 地址正常出现，如图 7-46 所示。

图 7-46　Wi-Fi 地址正常出现

将主板上下层贴合，装机测试 Wi-Fi 功能正常，信号正常，如图 7-47 所示。维修到此结束。

图 7-47　Wi-Fi 功能实测

7.9　维修不联机故障

不联机故障的现象为，用数据线将手机和电脑连接后，电脑无法识别、连接上手机，不能读取手机的相关硬件信息，同时手机会提示"可能不支持此配件。"。

导致不联机故障的常见原因有尾插坏、数据线坏、USB 管理芯片及相关线路坏。

不联机故障的维修流程如图 7-48 所示。

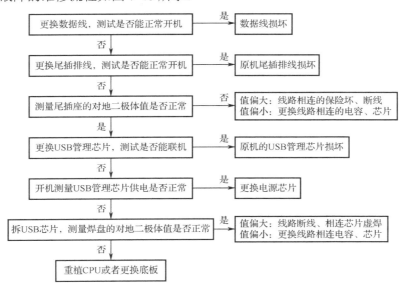

图 7-48　不联机故障的维修流程

维修案例：iPhone 7 Plus 提示"可能不支持此配件。"

客户描述，手机在当地维修过不充电故障，维修后插充电线提示"可能不支持此配件。"，如图 7-49 所示。

图 7-49　插充电线提示"可能不支持此配件。"

拿到手机后，插充电线测试，故障同客户描述的相同，将手机连接电脑发现不联机。这种故障是尾插接口到 CPU 之间的线路有问题导致的，大部分是 USB 芯片损坏导致的多。

拆开手机，取出主板，目测检查充电电路被修过，USB 芯片被重焊接过。先将前一家维修店动过的地方处理一次，更换 USB 芯片后故障依旧，说明故障是 USB 芯片的工作条件和线路有问题导致的。接下来测量 USB 芯片的供电。

iPhone 7 系列的 USB 芯片供电相关电路和之前机型的有所不同，多了两个 MOS 管 Q2700 和 Q2701 来转换 USB 供电，如图 7-50 所示。

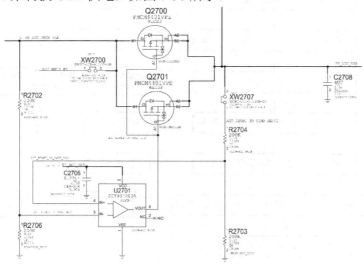

图 7-50　USB 芯片供电相关电路图

由于因为 USB 供电不好测量，所以先短接 Q2700 和 Q2701，如图 7-51 所示。

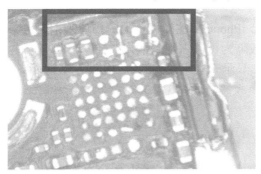

图 7-51　短接 Q2700 和 Q2701

短接后，开机插数据线测试，故障排除。维修到此结束。

7.10　维修不充电故障

不充电故障的现象为，手机插数据线连接充电器，手机提示连接并显示充电图标，但手机的电量一直不增加，部分手机电量还会下降。维修时使用充电电流测试仪测试时，发现充电电流为 0。

不充电故障是手机的尾插坏、充电电路故障导致的。

不充电故障的维修流程如图 7-52 所示。

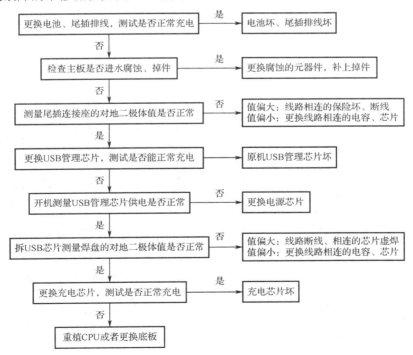

图 7-52　不充电故障的维修流程

维修案例：iPhone X 不充电

接到同行送修的一台 iPhone X 故障机，故障描述为不充电。

拿到手机后，实测故障为可以识别到数据线插入，也有充电图标，但是电越充越少。用充电电流测试仪测试，显示充电电流为 0A，如图 7-53 所示。

图 7-53　充电电流为 0A

这种故障一般是充电芯片或者充电电路有问题导致的。

拆开手机更换尾插排线后测试故障依旧。插数据线测量电池座正极电压是 0V，正常应该是 4V，说明主板的充电电路有问题，导致数据线的 5V 电压无法转换出 4V 电压给电池座供电。

将主板分层，观察发现充电芯片和上方电感 L3341 和 L3340 已经被上家换过了。充电芯片 U3300、电感 L3341 和 L3340 的位置如图 7-54 所示。

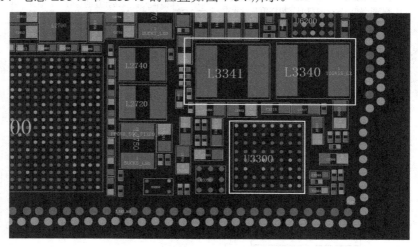

图 7-54　充电芯片 U3300、电感 L3341 和 L3340 的位置

重新处理上家维修过的地方，上 iPhone X 维修专业测试架测试，故障依旧，说明故障在充电芯片线路。

拆掉充电芯片 U3300，测量发现 A1 到 F1 脚焊盘的对地二极体值为无穷大。经查看电路图得知这几个脚是 PP_BATT_VCC 电池供电，通过点位图可以得知，PP_BATT_VCC 连到 Q3350。

根据以往的维修经验，Q3350 可以被短接。直接短接 B2、C2、B3、C3 四个脚，再测对地二极体值恢复正常。

装机测试，但还是不充电。再将充电芯片 U3300 拆下，仔细测量发现 H3 脚对地短路，查看电路图得知，此脚是 TIGRIS_LDO。此路信号外部直接接到电容 C3360 和 C3361，如图 7-55 所示。

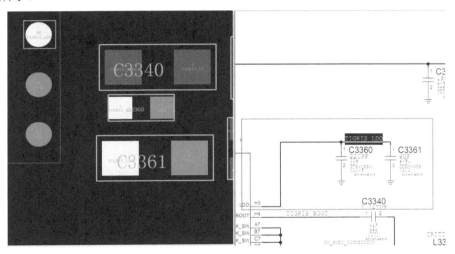

图 7-55　TIGRIS_LDO 信号相关电路图

将此电路相关部分熏上松香，用 4V 电压烧机，发现电容 C3361 上的松香最先熔化（见图 7-56），说明此电容短路。

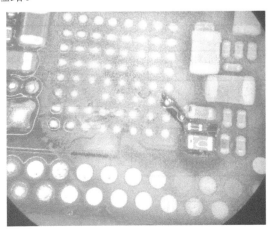

图 7-56　电容 C3361 上的松香最先熔化

拆掉电容 C3361，将充电芯片装回主板。然后装机开机测试，充电电流为 1.27A，正常了，如图 7-57 所示。维修到此结束。

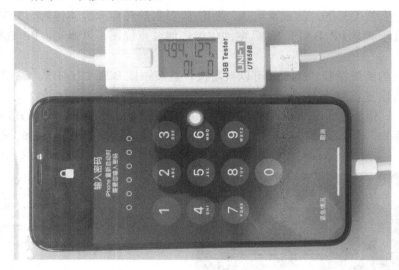

图 7-57　充电正常

7.11　维修无送话、无录音故障

iPhone 在拨打电话、视频电话、发语音信号时，由手机中的麦克风将声音采集，由音频芯片和 CPU 芯片处理后，最后经射频电路发送给对方。如果麦克风及麦克风线路有故障，会导致拨打电话时对方听不到声音（无送话），录制视频或者录制语音时也没有声音。

无送话、无录音故障的维修流程如图 7-58 所示。

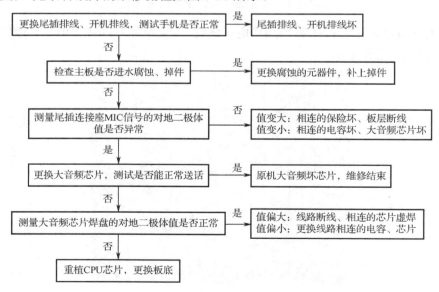

图 7-58　无送话、无录音故障的维修流程

维修案例：iPhone 7 Plus 打电话无声音

客户描述故障为手机开机后打电话有声音、可以录音，过了 20min 后，打电话无声音，不能录音了。

拿到手机，开机测试功能时发现打开语音备忘录进行录音时没反应。拆开手机，取出主板，将主板换到其他手机里面测试，故障依旧，排除外配问题。

再取出主板，测量尾插座的对地二极体值正常，说明故障在大音频和大音频线路上。拆下大音频芯片，显微镜下观察发现大音频芯片的主板焊盘有掉点，如图 7-59 所示。

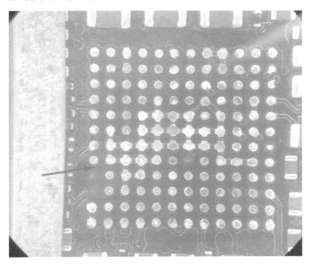

图 7-59　大音频芯片的主板焊盘有掉点

刮开掉点焊盘线路，飞线补好点，如图 7-60 所示。

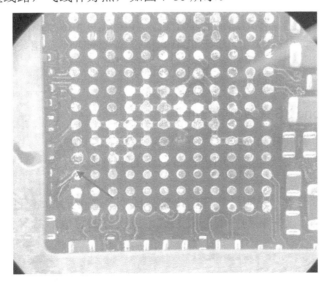

图 7-60　焊盘飞线补点

焊盘补好后，装回大音频芯片。装机开机测试，录音功能正常了，如图 7-61 所示。维修到此结束。

图 7-61　录音功能实测

7.12　维修无声音故障

现在手机都是多功能、多用途的智能手机，其中重要一部分就是还原声音，如播放多媒体、拨打电话、视频电话等。如果手机中的扬声器（喇叭）及相关线路有故障，会导致还原不出声音。

无声音故障的维修流程如图 7-62 所示。

维修案例：iPhone XS 外放喇叭无声音

客户描述故障为手机听筒有声音，外放喇叭没声音。

拿到手机后，开机测试功能发现语音备忘录的录音功能正常，播放时听筒有声音，外放喇叭没声音，如图 7-63 所示。

听筒和麦克风都正常，说明是声音输出到外放喇叭之间的线路有问题。

拆开手机将主板拆出来装到好的总成测试。更换好的总成后故障依旧，说明故障在主板上。

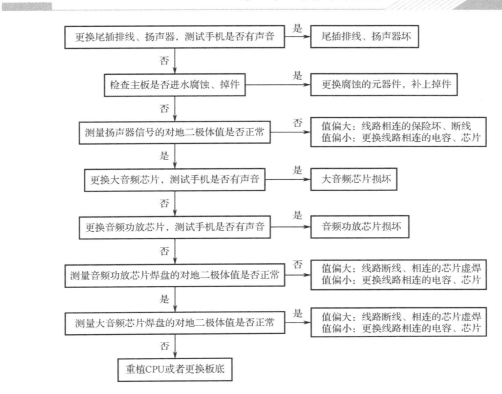

图 7-62　无声音故障的维修流程

图 7-63　故障现象

取下主板，将主板分层，用万用表测量外放喇叭线路的对地二极体值，测量中发现 BOT_SPK_VA 的对地二极体值只有 28。拆下此电路上的电容 C4906，测量对地二极体值还是一样，说明是相连的其他元器件损坏。查图发现电容还连接到喇叭音频功放芯片 U4902，如图 7-64 所示。

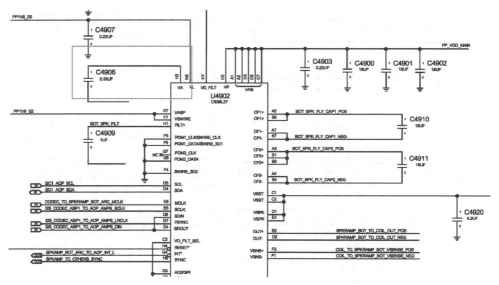

图 7-64　电容 C4906 相关电路

将电容 C4906 装回主板，拆除喇叭音频功放芯片 U4902（见图 7-65），再次测对地二极体值已恢复正常。

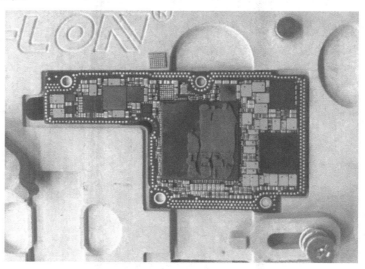

图 7-65　拆除喇叭音频功放芯片 U4902

更换一个好的音频功放芯片 U4902，测量对地二极体值为 394，正常，如图 7-66 所示。

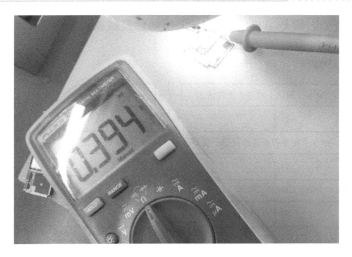

图 7-66　测量音频功放芯片 U4902 的对地二极体值

将主板贴合，装机测试，喇叭恢复正常，功能一切正常，如图 7-67 所示。维修到此结束。

图 7-67　装机后测试，喇叭正常

7.13　维修无 SIM 卡故障

无 SIM 卡故障的现象为，手机装上 SIM 卡后，还是提示无 SIM 卡。

147

无 SIM 卡的故障一般是手机的 SIM 卡工作条件及线路有异常，或者是手机的基带线路有问题，导致读取不到 SIM 卡内部的运营商信号。

无 SIM 卡故障的维修流程如图 7-68 所示。

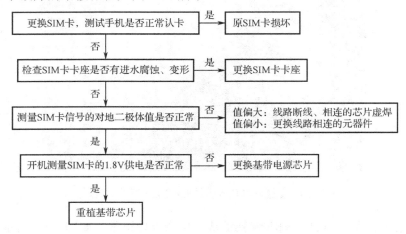

图 7-68　无 SIM 卡故障的维修流程

维修案例：iPhone 8 插卡不读卡

手机开机，装 SIM 卡测试，手机左上角显示"无 SIM 卡"，如图 7-69 所示，说明手机不认 SIM 卡。

图 7-69　手机左上角显示"无 SIM 卡"

手机不认 SIM 卡，主要测量卡座是否损坏、供电是否正常、插卡检测信号是否正常等，逐一排查。

拆开手机，开机测量 SIM 卡卡座 J204_E 的供电，测到第 8 脚 BB_SIM1_DETECT_E 时，发现没有 1.8V 电压，如图 7-70 所示。

图 7-70　测量 J204_E 第 8 脚电压

此 BB_SIM1_DETECT_E 线路是插卡检测信号，是 PP_1V8_LDO6_E 供电经过 R202_E 进行上拉的，如图 7-71 所示。插入 SIM 卡，只有 U_MDM_E 基带 CPU 识别到插卡动作，才能读取 SIM 卡里的信息。

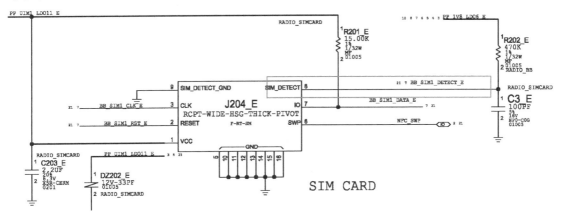

图 7-71　BB_SIM1_DETECT_E 相关电路图

PP_1V8_LDO6_E 供电是基带电源芯片 U_PMIC_E（见图 7-72）输出的，此电路没有电压，所以直接更换基带电源芯片 U_PMIC_E。

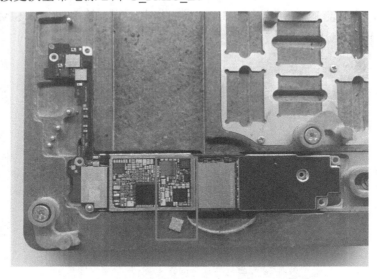

图 7-72　基带电源芯片 U_PMIC_E 实物图

更换基带电源芯片后开机测量，电压已恢复正常。将主板装到手机中开机测试，手机识别 SIM 卡，正常显示 4G 信号，如图 7-73 所示，又测试所有功能均正常。维修到此结束。

图 7-73　实测手机识别 SIM 卡

7.14　维修无信号故障

无信号在苹果手机中称为无服务，故障现象是手机装上 SIM 卡后，在手机屏上方显示"无服务"三个字。

无服务故障的手机是无法拨号、无法上网的，运营商无法为手机提供网络服务。

无服务故障的手机一般是手机射频电路不工作、元器件或者芯片损坏导致的。

无信号故障的维修流程如图 7-74 所示。

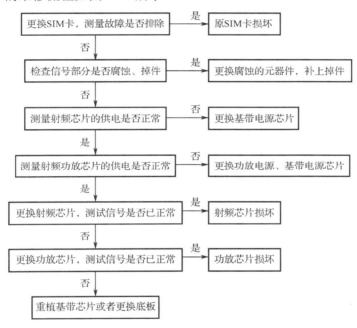

图 7-74　无信号故障的维修流程

维修案例：iPhone X 无服务

插 SIM 卡提示"无服务"（见图 7-75），打不了电话。

手机使用中出现无服务，这种现象一般是 SIM 卡损坏，或者基带线路、信号线路问题导致的，要逐个排除。

拿到手机后开机测试，插 SIM 卡显示无服务，更换 SIM 卡也是一样。查看"关于本机"有基带版本号。在拨号界面，输入*#06#，有串号，如图 7-76 所示。

图 7-75　插 SIM 卡提示"无服务"

图 7-76　串号实测图

在"设置"→"蜂窝移动网络"→"网络选择"调为手动搜索，能搜索到运营商，如图 7-77 所示。能手动搜索到运营商说明信号接收正常，判断故障在信号发射部分。

图 7-77　网络选择设置

　　信号发射部分由基带 CPU、射频芯片、射频功放芯片组成。拆开手机，取出主板，发现射频芯片、功放芯片都在 SIM 卡卡座下方，被 SIM 卡卡座压着，需要维修必须把 SIM 卡卡座拆掉。拆掉 SIM 卡卡座，拆掉 U_WTR_E 射频芯片（见图 7-78）上的屏蔽罩，将射频芯片取下。

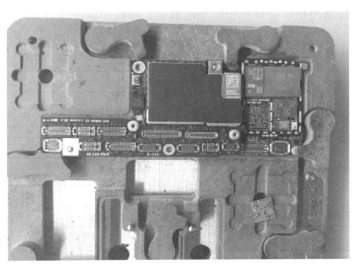

图 7-78　U_WTR_E 射频芯片实物图

　　更换好的 U_WTR_E 射频芯片，装回屏蔽罩，装回 SIM 卡卡座。然后将主板装到手机中，开机装机测试，信号恢复正常，打电话正常，功能正常，如图 7-79 所示。维修到此结束。

（a）   （b）

图 7-79　功能实测图

7.15　维修无指纹故障

　　iPhone 从 5S 开始，包括 iPhone 5S、iPhone 6/6P、iPhone S/6SP、iPhone 7/7P、iPhone 8/8P 都有指纹解锁功能，但从 iPhone X 引入面容解锁后就取消了指纹解锁功能。

　　iPhone 的指纹功能损坏会导致指纹不能解锁、指纹不能录入等故障，都简称为无指纹故障。

　　无指纹故障的维修流程如图 7-80 所示。

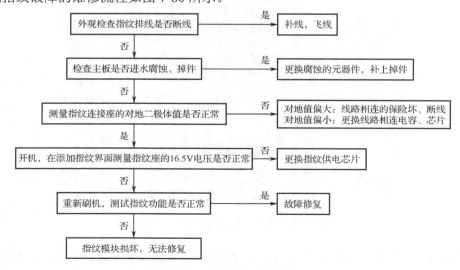

图 7-80　无指纹故障的维修流程

维修案例：iPhone 7 指纹功能无法正常使用

接到手机后，开机检测，发现打开"设置"→"添加指纹"为灰色，说明指纹部分有问题。拆开手机取出主板，测量指纹连接座的对地二极体值，如图 7-81 所示。

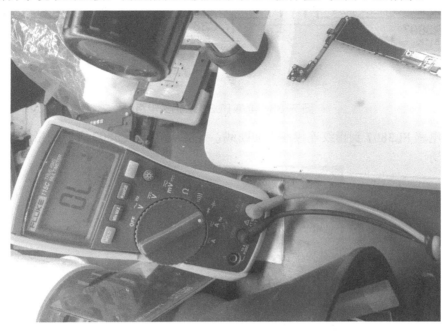

图 7-81　测量指纹连接座的对地二极体值

经测量发现指纹连接座 J3801 的 SPI 总线断线。查电路图得知，断线的是指纹连接座 SPI 总线时钟信号，如图 7-82 所示。

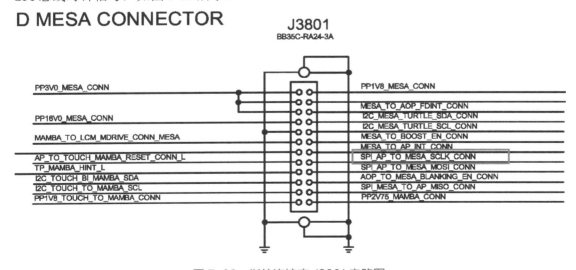

图 7-82　指纹连接座 J3801 电路图

该信号经电感 FL3807 连接到 CPU，如图 7-83 所示。经测量得知电感 FL3807 到 CPU 没有断线。

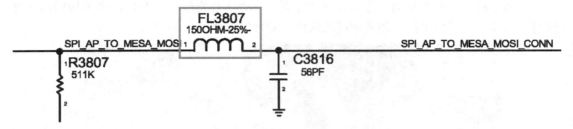

图 7-83　电感 FL3807 相关电路

说明电感 FL3807 到指纹连接座之间断线，直接从电感 FL3807 飞线到指纹连接座，如图 7-84 所示。

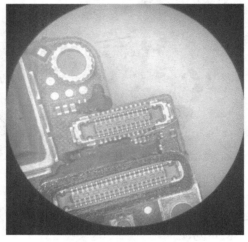

（a）

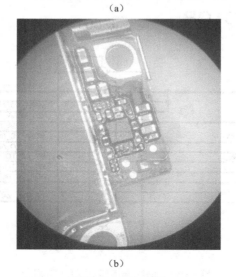

（b）

图 7-84　飞线图

飞好线后绿油固化，处理好后，将主板装到手机中开机进系统，测试录入指纹功能正常，如图 7-85 所示。维修到此结束。

图 7-85　指纹录入正常

第 8 章　维修安卓手机

本章举例讲解华为、小米、OPPO 等安卓手机的维修。华为、小米、OPPO 旗下都有多个子品牌。华为手机旗下分华为 P 系列、M 系列、荣耀系列等多个子品牌。P 系列和 M 系列基本采用海思平台的麒麟系列 CPU。荣耀系列采用多个平台的 CPU，如高通、联发科、海思。每个 CPU 平台的设计都有区别。只有充分了解它们的特点和区别，并遵循一套标准的维修思路，在维修时才能得心应手。

8.1　维修接电漏电、接电短路故障

接电漏电故障的现象为，接上直流稳压电源，按开机键前，直流稳压电源显示有稳定的电流。如果漏电电流在 500mA 以上，就称为接电短路。接电漏电和接电短路故障，都是由于主板的电池正极（一级供电）、主供电（二级供电）线路上的元器件损坏导致的。

本节以华为 P30 为例，讲解接电漏电、接电短路故障的维修思路。

第 1 步　用万用表二极管挡测量电池正极是否短路，如图 8-1 所示。当测量电池座正极的对地二极体值为 0 时，表示电池正极相连的元器件有短路损坏，直接跳转到第 3 步找出故障元器件。如果电池座正极的对地二极体值在 300 以上，说明电池座正极正常，接着进行下一步的测量。

图 8-1　测量电池正极

第 2 步　测量充电芯片周围充电电感相连电容脚的主供电是否短路，如图 8-2 所示。当测量主供电正极的对地二极体值为 0 时，表示主供电极相连的元器件有短路损坏，直接跳转到第 3 步找出故障元器件。如果主供电的对地二极体值在 300 以上，说明主供电正常。

第 3 步　用恒温电烙铁给主板熏上一层白色的松香结晶，如图 8-3 所示。

图 8-2　测量主供电是否短路

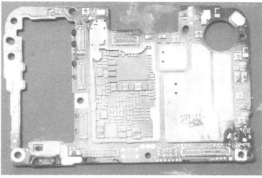
图 8-3　给主板熏松香

第 4 步：用直流数字稳压电压调节出 4V 电压，将电源线的黑色夹子夹到万用表的黑表笔，红色夹子夹到万用表红表笔。然后将黑表笔接到手机接地的铁壳上（如屏蔽罩、SIM 卡卡座），红表笔接到短路的主供电或者电池座正极，给主板加电进行烧机，如图 8-4 所示。

第 5 步　给主板加电 10s 左右，然后观看主板表面松香有无熔化。表面松香熔化的元器件（见图 8-5）为短路损坏的元器件。将损坏元器件更换后修复故障。

图 8-4　给主供电加 4V 电压烧机

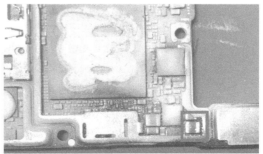
图 8-5　表面松香熔化的元器件

8.2　维修不触发故障

不触发故障的现象为，接上直流稳压电源，按开机键开机，直流稳压电源的电流表显示没有电流跳变，保持在 0mA 不变。

维修安卓手机不触发故障主要先检查开机键线路、主供电线路，然后根据检查测量结果判断故障元器件，进行更换。

本节以华为 P30 为例，讲解不触发故障的维修思路。

第 1 步　接电测量开机键电压是否有 1.8V 或 4V，如果正常测量到 1.8V 或 4V 电压说明开机信号正常。不开机的直接更换主电源芯片。测得开机键电压（见图 8-6）为 0V 时，进行第 2 步测量。

第 2 步　接电测量主供电电压是否为 4V 左右，如图 8-7 所示。主供电电压有 4V 左右，而开机键无电压的，先排除开机线有无短路、断路。如果开机线无短路、断路，直接更换主电源芯片（见图 8-8）。测得主供电电压为 0V 时，找到充电芯片，将充电芯片更换掉。

图 8-6　测量开机键电压　　　　　　　图 8-7　测量主供电电压

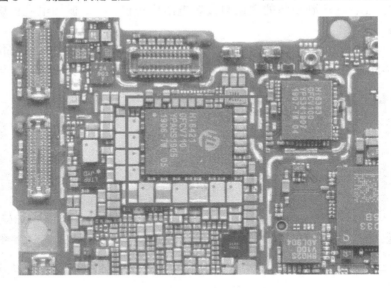

图 8-8　主电源芯片的位置

8.3　维修开机短路故障

开机短路故障的现象为，按开机键后，直流稳压电源显示电流从 0mA 跳变到 100mA 左右停住，放开机键，电流立刻掉电归 0。

在维修时主要检查主电源芯片、副电源芯片输出的供电，查出故障元器件进行更换。

本节以小米 9 为例，讲解开机短路故障的维修思路。

第 1 步　测量主电源、CPU、字库周围大电容的对地二极体值（见图 8-9），找出短路的供电。测得电容的对地二极体值接近 0，说明电容相连的供电已经短路。

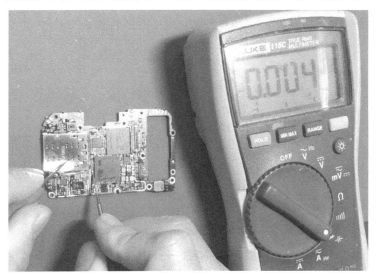

图 8-9　测量电源输出供电的对地二极体值

第 2 步　用恒温电烙铁给主板熏上一层白色的松香结晶，如图 8-10 所示。

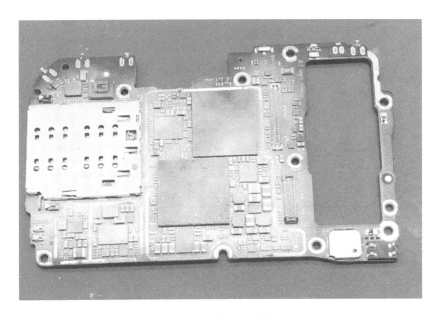

图 8-10　给主板熏松香

第 3 步　用直流数字稳压电压调节 1～1.8V 电压，将电源线的黑色夹子夹到万用表的黑表笔，红色夹子夹到万用表红表笔；然后将黑表笔接到手机接地的铁壳上（如屏蔽罩、SIM 卡座），红表笔接到短路电容脚上，给主板加电进行烧机，如图 8-11 所示。

图 8-11　给主板加电烧机

第 4 步　给主板加电 10s 左右，然后观察主板上元器件表面松香有无熔化，表面松香熔化的元器件（见图 8-12）为短路损坏的元器件，将损坏元器件更换后修复故障。

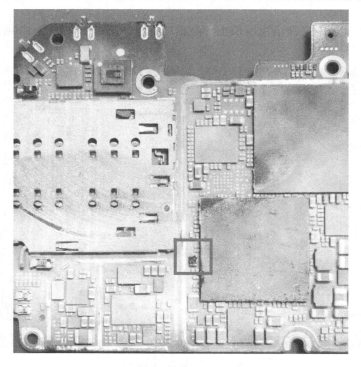

图 8-12　表面松香熔化的元器件

8.4　维修无触摸故障

无触摸故障的现象为，手机开机后用手点屏幕没有反应，使得在开机后的输入密码界面无法输入密码解锁。

触摸故障是由于触摸损坏或者主板上触摸屏的工作条件不正常导致的。

本节以华为 P30 为例，讲解无触摸故障的维修思路。

第 1 步　换显示屏测试，如果更换显示屏后能正常显示，说明原机显示屏损坏，换屏修复故障。

第 2 步　测量触摸 SPI 总线（见图 8-13）的对地二极体值。如果对地二极体值为 0（短路），说明 CPU 损坏，需要更换 CPU，由于 CPU 与字库是绑定的，建议放弃维修。如果对地二极体值为无穷大（断路），一般是信号线路断路和 CPU 虚焊导致。先重植 CPU，如果重植后测量对地二极体值还是无穷大（断路），说明连接座到 CPU 之间板层线路断路，需要更换底板。

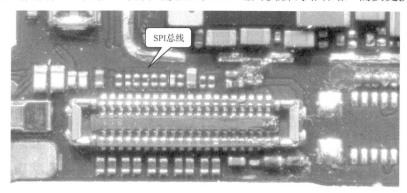

图 8-13　触摸 SPI 总线测试点

第 3 步　测量触摸复位信号（见图 8-14）的对地二极体值。如对地二极体值为 0（短路），说明 CPU 损坏，需要更换 CPU，由于 CPU 与字库是绑定的，建议放弃维修。如果对地二极体值为无穷大（断路），一般是信号线路断路和 CPU 芯片虚焊导致。先重植 CPU 芯片，如果重植后测量对地二极体值还是无穷大（断路），说明连接座到 CPU 之间板层线路断路，需要更换底板。

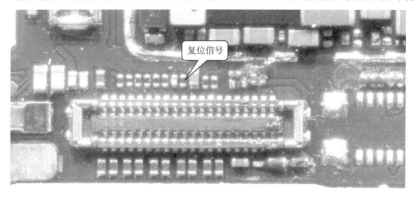

图 8-14　触摸复位信号测试点

第 4 步　测量触摸中断信号（见图 8-15）的对地二极体值。如果对地二极体值为 0，说明 CPU 损坏，需要更换 CPU，由于 CPU 与字库是绑定的，建议放弃维修。如果对地二极体值为无穷大（断路），一般是信号线路断路和 CPU 芯片虚焊导致。先重植 CPU 芯片，如果重植后对地二极体值还是无穷大（断路），说明连接座到 CPU 之间板层线路断路，需要更换底板。

图 8-15　触摸中断信号测试点

第 5 步　开机测量触摸 1.85V 供电（见图 8-16）的电压。如果电压为 0V，先断开主板供电，使用万用表二极管挡测量 1.85V 供电脚的对地二极体值，排除短路和断路的故障。如果没有短路和断路，就直接更换电源芯片。

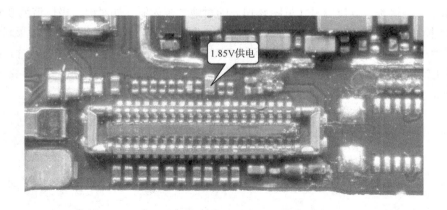

图 8-16　触摸 1.85V 供电测试点

第 6 步　测量触摸 3.3V 供电（见图 8-17）的电压。如果电压为 0V，先断开主板供电，使用万用表二极管挡测量 3.3V 供电脚的对地二极体值，排除短路和断路的故障。如果没有短路和断路，就直接更换电源芯片。

图 8-17　触摸 3.3V 供电测试点

8.5　维修打不开 Wi-Fi 故障

打不开 Wi-Fi 故障的现象为，在设置中点击 Wi-Fi 开关启动 Wi-Fi，几秒后 Wi-Fi 开关自动关闭。这种故障一般是 Wi-Fi 芯片损坏，或者主板上 Wi-Fi 芯片的工作条件不正常引起的。

高通平台的 Wi-Fi 芯片支持 2.4GHz、5GHz 双频段，为了增强信号，同时设了 CH0、CH1 两路 Wi-Fi 通道。

本节以高通平台小米 9 为例，讲解 Wi-Fi 打不开故障的维修思路。

第 1 步　目测检查 Wi-Fi 芯片周围（见图 8-18）有无腐蚀、掉件。如果有腐蚀的元器件，先更换元器件。

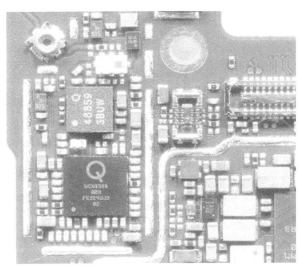

图 8-18　Wi-Fi 芯片周围

第 2 步　接电，按开机键开机，测量 Wi-Fi 芯片的 1.8V 供电（见图 8-19）的电压。如果 1.8V 供电的电压为 0V，先断开主板供电，测量 1.8V 供电的对地二极体值，排除短路或者断路故障。如果 1.8V 供电不存在短路、断路，而电压为 0V，说明主电源芯片损坏不能给 Wi-Fi 芯片供电，直接更换主电源芯片。

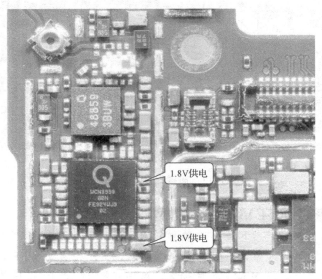

图 8-19　Wi-Fi 芯片的 1.8V 供电测量点

第 3 步　开机测量 Wi-Fi 芯片的 1.3V 供电（见图 8-20）。如果 1.3V 供电的电压为 0V，参考 1.8V 供电的维修思路，先测量 1.3V 供电的对地二极体值，排除短路和断路故障，再更换主电源芯片。

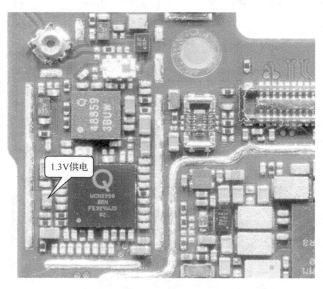

图 8-20　Wi-Fi 芯片的 1.3V 供电测量点

第 4 步 开机测量 Wi-Fi 芯片 3.3V 供电（见图 8-21）的电压。如果 3.3V 供电的电压为 0V，参考 1.8V 供电的维修思路，先测量 3.3V 供电的对地二极体值，排除短路和断路故障，再更换主电源芯片。

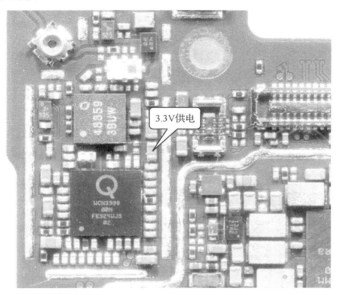

图 8-21　Wi-Fi 芯片的 3.3V 供电测量点

第 5 步 测量 Wi-Fi 时钟信号（见图 8-22）的电压是否为 0.8V 左右。如果时钟信号的电压为 0V，参考 1.8V 供电的维修思路，先测量时钟信号的对地二极体值，排除短路和断路故障，再更换主电源芯片。

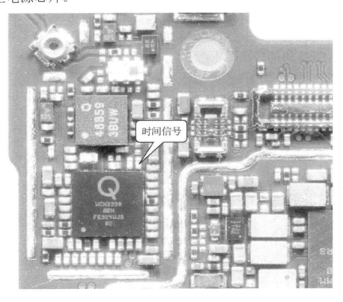

图 8-22　Wi-Fi 时钟信号测量点

第 6 步　测量 Wi-Fi 芯片数据传输总线（见图 8-23）的对地二极体值。如果对地二极体值为 0（短路），先拆传输总线相连的滤波电容，拆掉电容后对地二极体值还是 0（短路），就把 Wi-Fi 芯片拆掉再测量，拆掉 Wi-Fi 芯片后对地二极体值还是 0（短路），就说明 CPU 内部短路损坏。

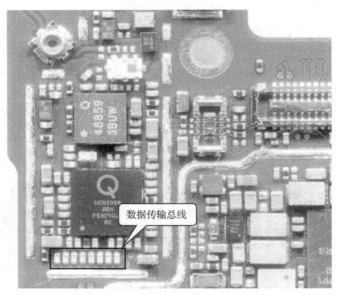

图 8-23　Wi-Fi 芯片数据传输总线测量点

如果对地二极体值为无穷大（断路），有两种可能，一是 CPU 芯片虚焊，二是 Wi-Fi 芯片到 CPU 之间断路、板层断路。

第 7 步　测量 Wi-Fi 芯片 CMD 控制信号（见图 8-24）的对地二极体值。如果对地二极体值为 0（短路），就把 Wi-Fi 芯片拆掉再测量，拆掉 Wi-Fi 芯片后对地二极体值还是 0（短路），就说明是 CPU 内部短路损坏。

图 8-24　Wi-Fi 芯片 CMD 信号测量点

如果对地二极体值为无穷大（断路），有两种可能，一是 CPU 芯片虚焊，二是 Wi-Fi 芯片到 CPU 之间断路、板层断路。

第 8 步　在 Wi-Fi 芯片供电正常、信号线正常的情况下，Wi-Fi 功能还是打不开，就直接重植或更换 Wi-Fi 芯片。

8.6　维修不充电故障

不充电故障的现象为，手机插数据线连接充电器，手机提示连接并显示充电图标，但手机的电量一直不增加，部分手机电量还会下降，使用充电电流测试仪测试，发现充电电流为 0。不充电故障是手机的尾插坏、充电电路故障导致的。

OPPO 系列的手机在充电线路上与其他品牌机型不一样，增加了负压保护和过压保护元器件。

本节以 OPPO R15 为例，讲解不充电故障的维修思路。

第 1 步　先更换尾插排线（见图 8-25）测试，排除充电接口接触不良，或者尾插排线座虚焊引起的不充电故障。

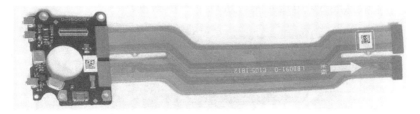

图 8-25　尾插排线

第 2 步　拆机，使用万用表电压挡测量电池电压，电池电压必须在 3V 以上，如图 8-26 所示。如果电池电压低于 3V，说明电池进入过放电缺电保护状态，需要重新激活电池。在电池电压为 3V 以上的情况下，进行下一步测量。

图 8-26　测量电池电压

第 3 步　拆主板检查充电芯片周围（见图 8-27）有无进水腐蚀，如有被腐蚀元器件，需要清理更换元器件，无进水腐蚀情况，进行下一步测量。

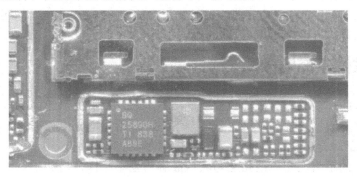

图 8-27　充电芯片周围

第 4 步　把主板装到手机壳中，接上充电线，然后在充电芯片周围的电容上测量数据线 5V 电压（见图 8-28）。如果测量不到数据线 5V 电压，检查更换 5V 线路上的 OVP 过压保护元器件。如果数据线 5V 电压正常，进行下一步测量。

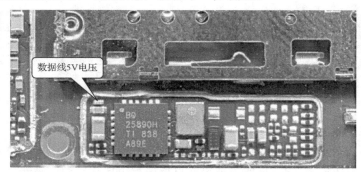

图 8-28　数据线 5V 电压测量点

第 5 步　测量主供电降压电感相连电容上有无 4V 主供电（见图 8-29）输出。如果主供电的电压为 0V，说明充电芯片损坏，需要更换充电芯片。如果主供电正常，进行下一步测量。

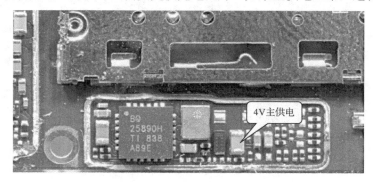

图 8-29　4V 主供电测量点

第 6 步　测量电池座正极（见图 8-30）有无 1V 以上电压。如果电池座正极电压为 0V，说明充电芯片损坏，需要更换充电芯片。如果电池座正极有 1V 以上电压，但还是不充电，需要测量尾插接口 USB 数据线上的数据正、数据负信号线的对地二极体值，排除数据线短路或者断路的故障。

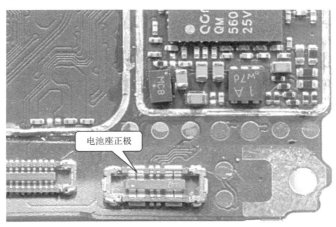

图 8-30　电池座正极测量点

8.7　维修主麦克风无送话故障

安卓手机的主麦克风设计在手机底部的尾插小板上，主要负责语音电话送话、采集语音信息、录音时采集声音信号。当主麦克风及其线路出现故障时，会导致语音电话无送话、录音无声、发语音信息无声等故障。

在维修时需要更换主麦克风，还要检查主麦克风的信号线来排除故障。

本节以小米 9 为例，讲解主麦克风故障的维修思路。

第 1 步　测量主麦克风数据线（见图 8-31）的对地二极体值。如果主麦克风数据线的对地二极体值为 0（短路），先更换主麦克风数据线相连的电容，然后再更换主音频芯片。如果主麦克风数据线的对地二极体值为无穷大（断路），先加焊主音频芯片，排除主音频虚焊的故障。如果加焊主音频芯片后对地二极体值还是无穷大（断路），说明尾插排线座主麦克风数据线到主音频之间板层线路断路。如果主麦克风数据线的对地二极体值正常，进行下一步测量。

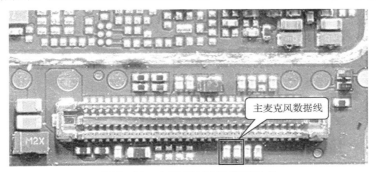

图 8-31　主麦克风数据线测量点

第 2 步　启动主麦克风，测量主麦克风供电（见图 8-32）的电压是否为 2.6V 左右。主麦克风供电电压为 0V 时，先断开主板供电，测量主麦克风供电脚的对地二极体值，排除供电短路、断路的故障。如果主麦克风供电的对地二极体值正常，就更换主音频芯片。如果麦克风供电正常，进行下一步测量。

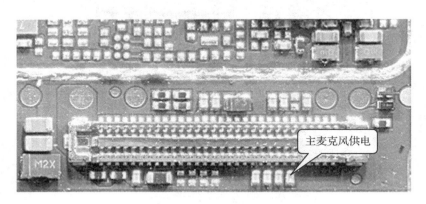

图 8-32　主麦克风供电测量点

第 3 步　由于主麦克风在尾插小板上，如果主麦克风数据线的对地二极体值正常、主麦克风的供电也正常，更换尾插小板（见图 8-33）测试。

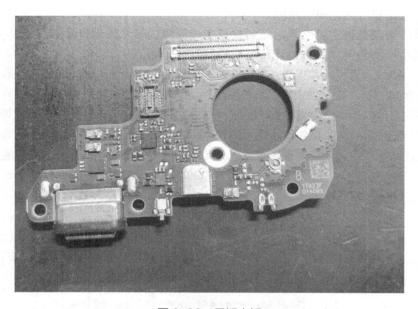

图 8-33　尾插小板

第 4 步　如果更换尾插小板后故障还没有排除，就找到主板上的主音频芯片（见图 8-34），更换主音频芯片。在更换主音频芯片时应检查排除主音频芯片焊盘是否掉点、断线。

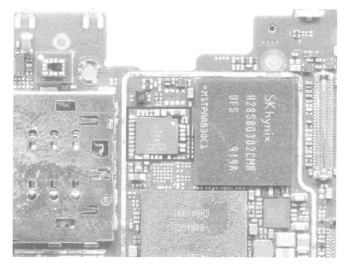

图 8-34　主音频芯片位置

8.8　维修副麦克风无送话故障

副麦克风主要负责免提电话、视频电话、前摄像头录视频时采集声音信号。当副麦克风及其线路出现故障时，会导致免提电话无送话、视频电话无送话、前摄像头录视频无声等故障。

在维修时需要更换副麦克风，还要检查副麦克风的信号线来排除故障。

本节以华为 P30 为例，讲解副麦克风故障的维修思路。

第 1 步　测量副麦克风数据线（见图 8-35）的对地二极体值。如果副麦克风数据线的对地二极体值为 0（短路），先更换副麦克风数据线相连的电容，然后再更换主音频芯片。

图 8-35　副麦克风数据线测量点

如果副麦克风数据线的对地二极体值为无穷大（断路），先加焊主音频芯片，排除主音频芯片虚焊的故障。如果加焊主音频芯片后对地二极体值还是无穷大（断路），说明副麦克风数据线到主音频芯片之间板层线路断线。如果副麦克风数据线的对地二极体值正常，进行下一步测量。

第 2 步　启动副麦克风，测量副麦克风供电（见图 8-36）的电压是否为 2.6V 左右。测量副麦克风供电为 0V 时，先断开主板供电，测量副麦克风供电的对地二极体值，排除供电短路、断路的故障。如果副麦克风供电的对地二极体值正常，就更换主音频芯片。如果麦克风供电正常，进行下一步测量。

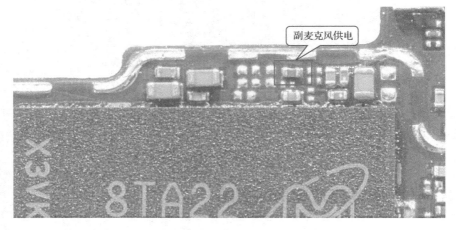

图 8-36　副麦克风供电测量点

第 3 步　如果副麦克风数据线正常、供电也正常，更换副麦克风后测试。副麦克风位置如图 8-37 所示。

图 8-37　副麦克风位置

第 4 步　如果副麦克风数据线正常、供电也正常，更换副麦克风后故障依旧，就找到主板上的主音频芯片，更换主音频芯片。在更换主音频芯片时应检查排除主音频芯片焊盘是否掉点、断线。

8.9　维修听筒无声故障

听筒无声故障的现象为，拨打语音电话时听筒不能收听到对方声音。

在安卓手机中，听筒由大音频控制，如果听筒无声，需要检测听筒、听筒信号线、大音频线路是否正常。

本节以小米 9 为例，讲解听筒无声故障的维修思路。

第 1 步　使用直流稳压电源给听筒加 1V 电压测量听筒是否损坏，如图 8-38 所示。给听筒加电测试时听不到听筒发出声音，说明听筒损坏；测试时听到听筒发出声音，说明听筒正常，进行下一步测量。

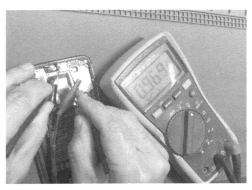

图 8-38　加电测量听筒

第 2 步　测量听筒信号正、听筒信号负的对地二极体值，如图 8-39 所示。如果听筒信号的对地二极体值为 0（短路），说明大音频芯片短路损坏；如果对地二极体值为无穷大（断路），先加焊大音频，排除大音频虚焊的故障。加焊后对地二极体值还是无穷大（断路），就说明听筒信号脚到大音频之间板层断路。如果听筒信号线的对地二极体值正常，进行下一步测量。

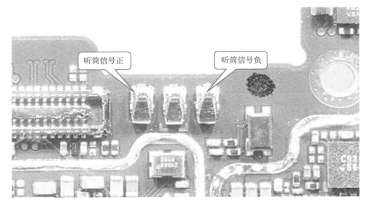

图 8-39　听筒信号测量点

第 3 步　测试听筒正常、听筒信号线也正常，打电话时听筒还是收听不到声音，更换大音频芯片（见图 8-40）排除故障。

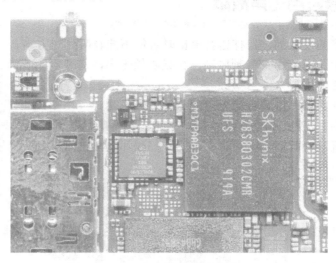

图 8-40　大音频位置

8.10　维修外放无声、无铃声故障

手机在播放音乐、多媒体、来电时，由扬声器发出声音。外放无声、无铃声故障就是扬声器不输出声音。扬声器由主板上的音频功放（小音频、铃声放大）控制。

大部分安卓手机扬声器的设计大同小异，音频功放都设计在主板上，音频功放输出的信号经排线传输给尾插小板，尾插小板再传输给扬声器还原声音。

本节以 OPPO R15 为例，讲解外放无声、无铃声故障的维修思路。

第 1 步　使用直流稳压电源给扬声器加 1V 电压，测试扬声器，如图 8-41 所示。如果扬声器能正常发出响声，说明扬声器是正常的，进行下一步测量。如果扬声器不发出响声，说明扬声器损坏，更换扬声器即可修复。

图 8-41　测量扬声器

第 2 步　测量扬声器触点，或者尾插排线座的测量扬声器信号正、信号负（见图 8-42）的对地二极体值。对地二极体值为 0（短路），说明音频功放（小音频）损坏，需要更换。对地二极体值为无穷大（断路），说明扬声器信号线从尾插排线座到音频功放之间板层断路。如果没有短路，也没有断路，进行下一步测量。

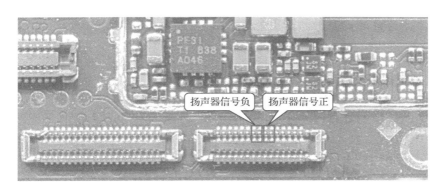

图 8-42　测量扬声器信号测量点

第 3 步　接上直流稳压电源线，测量铃声放大芯片周围大电容上 VBOOST 供电的电压（见图 8-43）是否为 4V 左右。如果 VBOOST 供电的电压为 0V，先检测铃声放大芯片周围的大电感是否虚焊，虚焊则更换大电感，大电感没有虚焊则直接更换铃声放大芯片。如果 VBOOST 供电的电压为 4V，进行下一步测量。

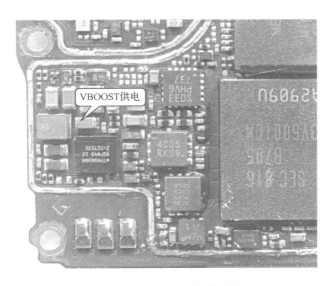

图 8-43　VBOOST 供电测量点

第 4 步　开机测量铃声放大芯片周围小电容的 1.8V 供电（见图 8-44）。如果 1.8V 供电的电压为 0V，先测量 1.8V 供电的对地二极体值，排除短路和断路的故障。在确认 1.8V 没有短路和断路，更换主电源芯片。如果 1.8V 供电的电压正常，进行下一步测量。

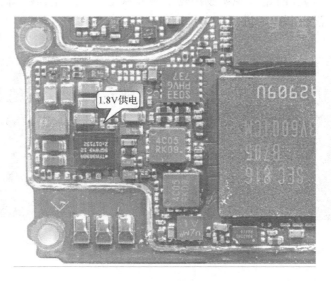

图 8-44　1.8V 供电测量点

第 5 步　查电路图或点位图找到铃声放大芯片的 I^2S 音频数据总线测量点（见图 8-45），测量 I^2S 总线的对地二极体值。对地二极体值为 0（短路），说明 CPU 损坏（如果是海思平台的手机，一般是大音频芯片损坏）。对地二极体值为无穷大（断路），说明铃声放大芯片到 CPU 之间板层断路。如果没有短路和断路，进行下一步测量。

图 8-45　I^2S 总线测量点

第 6 步　查电路图或点位图找到铃声放大芯片的 I^2C 总线测量点（见图 8-46），测量 I^2C 总线的对地二极体值。对地二极体值为 0（短路），说明 CPU 损坏。对地二极体值为无穷大（断路），说明铃声放大芯片到 CPU 之间板层断路。如果没有短路和断路，进行下一步测量。

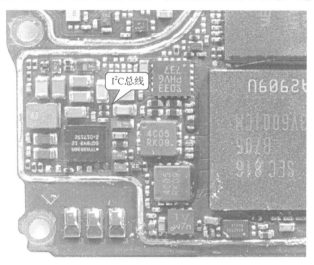

图 8-46　I^2C 总线测量点

第 7 步　拆下铃声放大芯片，查电路图或点位图找到铃声放大芯片复位信号的脚位焊盘（见图 8-47），测量复位信号的对地二极体值。对地二极体值为 0（短路），说明 CPU 损坏，需要更换 CPU、字库套件。对地二极体值为无穷大（断路），一是 CPU 虚焊，需要重新焊接 CPU，二是铃声放大芯片复位信号到 CPU 之间板层线路断路，需要飞线或者更换底板。

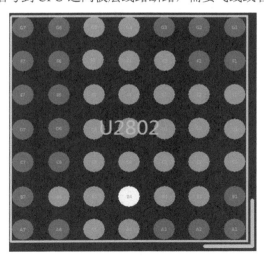

图 8-47　复位信号测量点

第 8 步　当铃声放大芯片的供电、I^2C 总线、I^2S 总线等工作条件正常，来电还是没有铃声，说明铃声放大芯片损坏，需要更换铃声放大芯片。

8.11　维修打不开相机故障

打不开相机故障的现象为，启动相机功能时手机提示相机错误，或者直接闪退到操作界面。

打不开相机故障主要是由于摄像头损坏，或者给主板给摄像头的工作条件不正常导致的。

本节以联发科平台 OPPO R15 为例，讲解打不开相机故障的维修思路。

第 1 步　目测检查主摄像头座周围（见图 8-48）排除腐蚀、掉件的故障。如果摄像头座周围没有腐蚀、掉件现象，进行下一步操作。

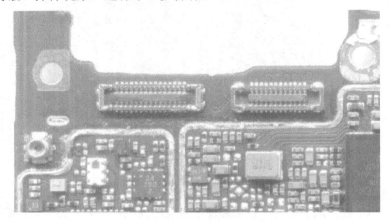

图 8-48　主摄像头座周围

第 2 步　更换主摄像头（见图 8-49）测试，排除摄像头损坏的故障。更换摄像头后故障依旧，说明故障跟摄像头没关系，进行下一步测量。

图 8-49　主摄像头

第 3 步　测量主摄像头座 MIPI 总线（见图 8-50）的对地二极体值。对地二极体值为 0（短路），说明 CPU 损坏，需要更换 CPU。对地二极体值为无穷大（断路），说明 CPU 虚焊，需要重新焊接 CPU。如果 MIPI 总线没有短路、断路，进行下一步测量。

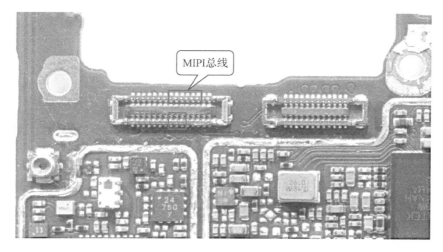

图 8-50　主摄像头座 MIPI 总线测量点

第 4 步　测量主摄像头座时钟信号（见图 8-51）的对地二极体值。如果对地二极体值为 0（短路），说明 CPU 损坏，需要更换 CPU。如果对地二极体值为无穷大（断路），先检查时钟保险电感有没有被烧断开，如果保险电感没有被烧断开的，需要重新焊接 CPU。如果时钟信号没有短路、断路，进行下一步测量。

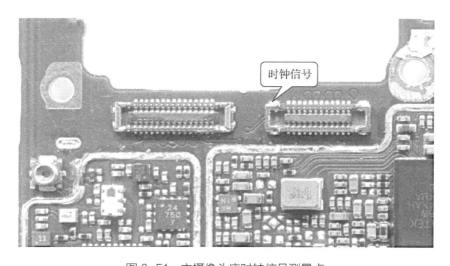

图 8-51　主摄像头座时钟信号测量点

第 5 步　测量主摄像头座（见图 8-52）复位信号的对地二极体值。对地二极体值为 0（短路），说明 CPU 损坏，需要更换 CPU。对地二极体值为无穷大（断路），需要重新焊接 CPU。如果复位信号没有短路、断路，进行下一步测量。

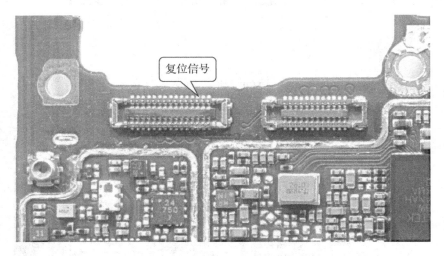

图 8-52　主摄像头座复位信号测量点

第 6 步　测量主摄像头座 1.8V 供电（见图 8-53）的电压。如果 1.8V 供电的电压为 0V，先测量 1.8V 供电的对地二极体值，排除短路或者断路故障。如果没有短路或者断路，直接更换输出 1.8V 供电的电源芯片或者 LDO 芯片。如果 1.8V 供电电压正常，进行下一步测量。

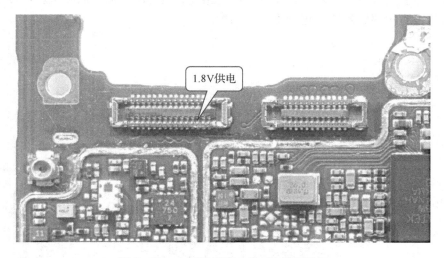

图 8-53　主摄像头座 1.8V 供电测量点

第 7 步　测量主摄像头座 I²C 总线（见图 8-54）1.8V 电压。如果电压为 0V，先测量 I²C 总线的对地二极体值，排除短路或者断路，如果没有短路或者断路，直接更换 I²C 总线的上拉电阻。如果 I²C 总线电压正常，进行下一步测量。

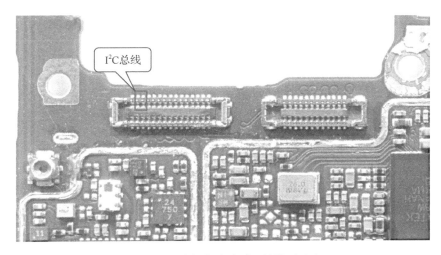

图 8-54　主摄像头座 I²C 总线测量点

第 8 步　开机启动相机功能，测量主摄像头座 1.1V 供电（见图 8-55）的电压。如果 1.1V 供电的电压为 0V，先测量 1.1V 供电的对地二极体值，排除短路或者断路。如果没有短路或者断路，直接更换输出 1.1V 供电的电源芯片或者 LDO 芯片。如果 1.1V 供电的电压正常，进行下一步测量。

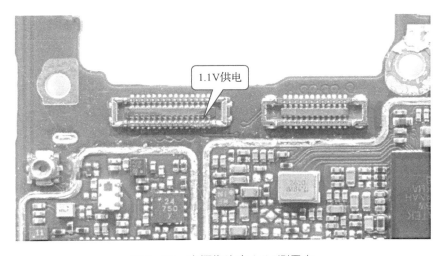

图 8-55　主摄像头座 1.1V 测量点

第 9 步　测量主摄像头座 2.8V 供电（见图 8-56）的电压。如果 2.8V 供电的电压为 0V，先测量 2.8V 供电的对地二极体值，排除短路或者断路。如果没有短路或者断路，直接更换输出 2.8V 供电的电源芯片或者 LDO 芯片。

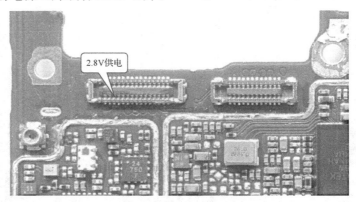

图 8-56　主摄像头座 2.8V 测量点

8.12　维修无服务故障

无服务故障的现象为，手机屏上方的信号条灰色，拨号时提示拨号失败或者提示正在打开天线。

导致无服务故障的原因是手机射频模块的射频芯片、功放芯片、天线开关等信号通道相关的元器件没有正常工作，导致射频信号无法正常接收或者发送到基站。

本节以联发科平台的 OPPO R15 为例，讲解无服务故障的维修思路。

第 1 步　目测检查射频芯片、功放芯片等信号处理芯片周围（见图 8-57、图 8-58）有无腐蚀、掉件。如有腐蚀、掉件情况，参考电路图进行补件。如果无腐蚀、掉件情况，进行下一步测量。

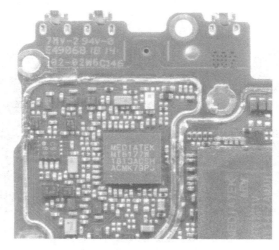

图 8-57　射频周围元器件

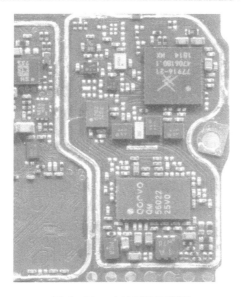

图 8-58　功放周围元器件

第 2 步　接电开机测量射频芯片 VRF18_PMU 供电（见图 8-59）的电压是否为 1.8V（不同型号射频芯片需要的供电不一样）。如果射频芯片供电的电压为 0V，先测量供电的对地二极体值，排除短路、断路；如果没有短路和断路，直接更换主电源芯片。如果射频供电正常，进行下一步测量。

第 3 步　接电开机测量射频芯片 VRF12_PMU 供电（见图 8-59）的电压是否为 1.2V（不同型号射频芯片需要的供电不一样）。如果射频芯片供电的电压为 0V，先测量供电的对地二极体值，排除短路、断路；如果没有短路和断路，直接更换主电源芯片。如果射频供电正常，进行下一步测量。

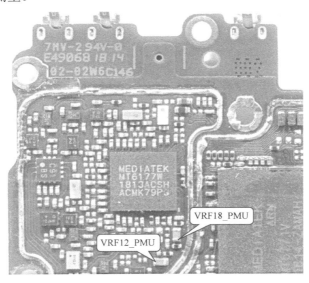

图 8-59　射频芯片供电测试点

第 4 步　测量功放芯片 VPH_PWR 供电（见图 8-60）的电压是否为 4V。如果电压为 0V，说明 VPH_PWR 供电到功放之间线路断路，需要从 VPH_PWR 供电的其他点接线到天线开关周围的电容进行修复。

第 5 步　装上 SIM 卡，测量功放芯片 VPA_PMU 供电（见图 8-60）的电压是否为 1V 以上。如果电压为 0V，先测量 VPA_PMU 供电的对地二极体值，排除短路和断路；如果不存在短路和断路，直接更换功放副电源芯片。

第 6 步　测量天线开关的 VBAT_RST 供电（见图 8-61）的电压是否为 4V。如果电压为 0V，说明 VBAT_RST 供电到天线开关之间线路断路，需要从 VBAT_RST 供电的其他点上接线到天线开关周围的电容进行修复。

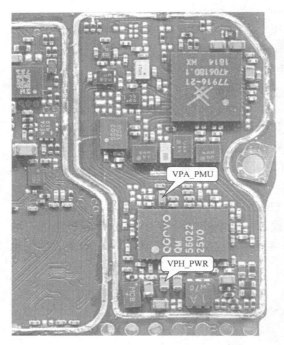

图 8-60　主功放供电测试点　　　　　　图 8-61　天线开关供电测试点

第 7 步　如果射频芯片、功放芯片的供电都正常，逐一更换射频芯片、功放芯片、天线开关，排除故障。

8.13　维修华为 P30 Pro 卡机、无 Wi-Fi 故障

收到客户发来的一台华为 P30 Pro，故障描述为手机卡机，打开 Wi-Fi 功能时搜索不到 Wi-Fi 热点，并且会自动关闭 Wi-Fi，如图 8-62 所示。

图 8-62　搜索不到 Wi-Fi 热点

从手机外观来看，就知道手机被重摔过，后盖玻璃完全碎裂。拆下主板，发现主板也变形了，如图 8-63 所示。

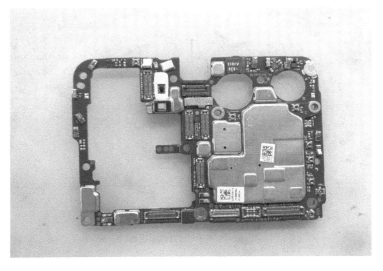

图 8-63　主板变形

有可能是 Wi-Fi 打不开导致的手机卡机。

被重摔的手机，首先考虑的是断路、虚焊、掉点。我们直接找到 Wi-Fi 区域，如图 8-64 所示。

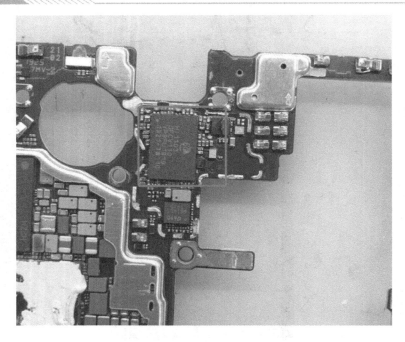

图 8-64　Wi-Fi 芯片位置

　　由于手机被摔过，所以直接拆下芯片，发现主板掉点严重，掉点数量已经超过 20 个（见图 8-65），看来是摔得不轻。

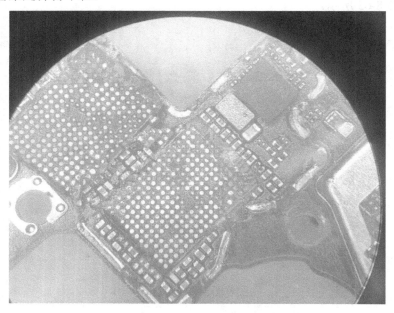

图 8-65　Wi-Fi 芯片焊盘掉点

　　接下来对 Wi-Fi 芯片焊盘掉点的地方进行补线、补点，如图 8-66 所示。

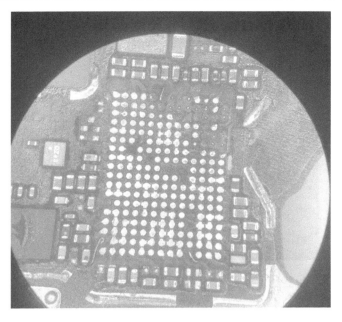

图 8-66　对 Wi-Fi 芯片焊盘进行补线、补点

　　处理好掉点的焊盘后，将 Wi-Fi 芯片重新植锡，把芯片装回主板上。开机测试，打开 Wi-Fi 功能发现已经能搜索到 Wi-Fi 信号（见图 8-67），并且手机也不再卡顿。维修到此结束。

图 8-67　Wi-Fi 正常使用

8.14　维修华为 Mate 20 不充电故障

华为 Mate 20 不充电，客户描述的故障如图 8-68 所示。

图 8-68　客户描述的故障

拿到手机，将主板拆出，接可调电源，发现主板漏电，电流为 195mA，如图 8-69 所示。

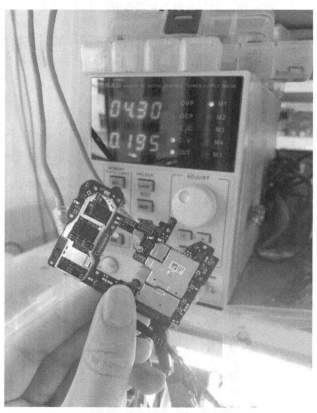

图 8-69　主板接电漏电

测量电池正极的对地二极体值只有 17，手无意摸到快充芯片，发现快充芯片很烫。拆下快充芯片，发现快充芯片底脚被烧坏，如图 8-70 所示。

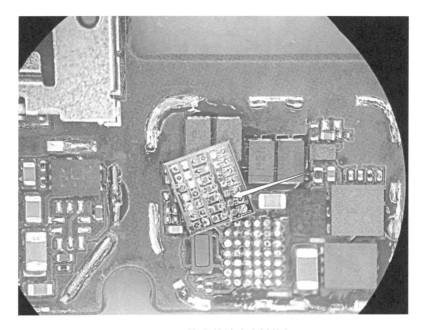

图 8-70　快充芯片底脚被烧坏

通过芯片表面代码无法判断芯片型号，平台查询发现此充电芯片与华为 Mate 9 的充电芯片通用。直接采购华为 Mate 9 的快充芯片更换，如图 8-71 所示。

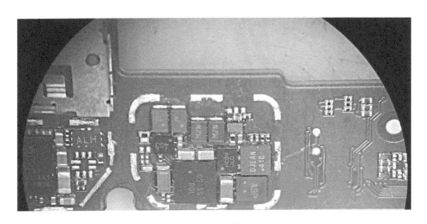

图 8-71　更换快充芯片

更换快充芯片后，装机插充电线测试，充电正常，如图 8-72 所示。维修到此结束。

图 8-72　充电正常

8.15　维修小米 9 不开机故障

客户描述手机进水后，维修更换电源后还是不行。接可调电源，发现漏电，电流为 24mA（见图 8-73），按开机键触发开机无反应。

图 8-73　接电检查

考虑这是二修机，上家维修师傅处理过进水位置，给主板上电，用红外热成像仪观察发烫部位，如图 8-74 所示。

图 8-74　用红外热成像仪观察发烫部位

箭头所指之处的温度为 36℃，比其他区域明显高。因主板温度高的这一面上家已处理过了，所以先不考虑这一面的问题。看 CPU 背面，发现上家并没有拆过，小米手机习惯CPU 不封胶，所以不用担心拆屏蔽罩的问题。拆下屏蔽罩，观察发现显示触摸电源芯片有进水腐蚀发霉的痕迹。拆下显示触摸电源芯片，发现焊盘上有很多电解质，如图 8-75 所示。

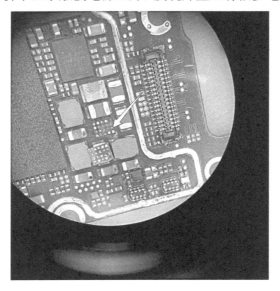

图 8-75　显示触摸电源芯片焊盘上有很多电解质

处理焊盘、芯片，重新植锡后，将芯片装回原位置，如图 8-76 所示。

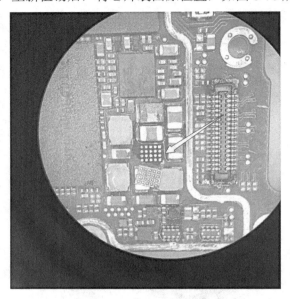

图 8-76 处理显示触摸电源芯片

接电检查，发现不漏电了，如图 8-77 所示。

图 8-77 接电不漏电

将主板装回手机内，开机测试，成功开机亮屏。维修到此结束。

8.16　维修小米 9 不触摸故障

收到客户一台进水小米 9，故障描述为触摸功能、充电、Wi-Fi、信号都有问题，说手机损坏很严重，已经没有维修价值了，但是手机里有重要的数据，如图 8-78 所示。根据描述，只要修好无触摸故障，给客户保资料就可以。

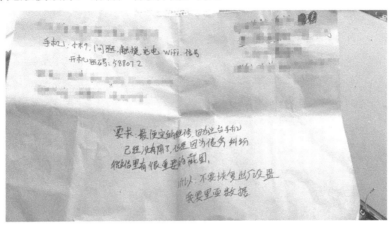

图 8-78　客户描述

拆下主板，发现手机已经被修得非常烂，手机里残留了很多焊膏和锡球，屏蔽罩也多处被拉扯坏了，导致主板掉铜皮，如图 8-79 所示。

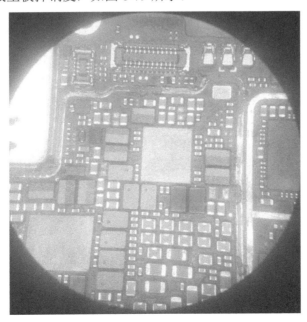

（a）

图 8-79　主板掉铜皮图

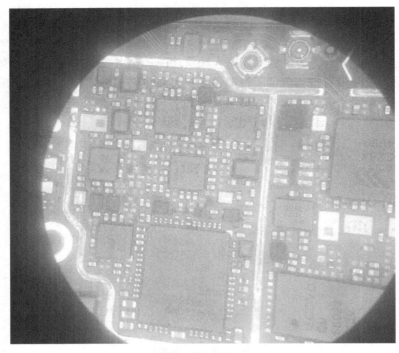

（b）

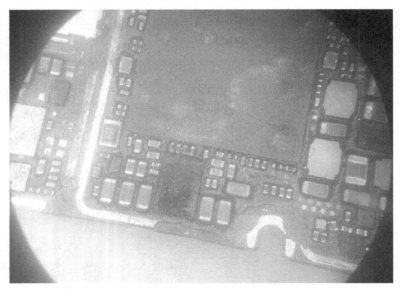

（c）

图 8-79　主板掉铜皮图（续）

经过测试，手机确实为无触摸功能。首先测量显示触摸座的对地二极体值，打开鑫智造里的小米 9 位置图和电路图，找到显示触摸座 J6400 和相关数据，如图 8-80 所示。

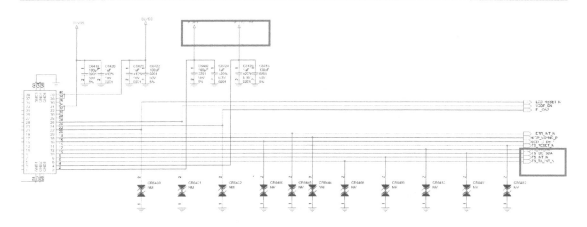

图 8-80　触摸座相关数据

测量供电与信号的对地二极体值，都正常。接下来装屏幕开机，测量触摸的 3.3V、1.8V 供电（不装屏幕电压是不出的），发现 3.3V 供电 TP_3P3 无电压。

查电路图得知 TP_3P3 是由稳压管 U6400 输出的，如图 8-81 所示。尝试短接 A1、A2 脚，测试发现故障依旧。

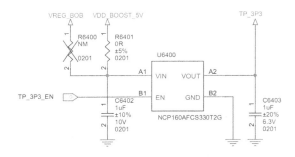

图 8-81　U6400 输出 TP_3P3

尝试用主供电 VPH_PWR 飞线，发现也不行。最后，开机的状态下盲测电压，在电容 C5456（见图 8-82）处找到一个稳定的 3.6V 电压，尝试飞线借电，如图 8-83 所示。

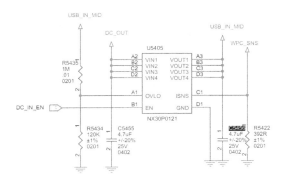

图 8-82　电容 C5456

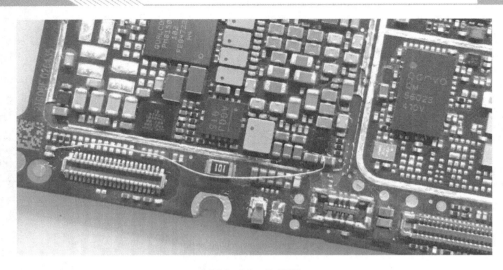

图 8-83　飞线图

装机测量，奇迹出现，触摸功能正常，如图 8-84 所示。维修到此结束。

图 8-84　触摸测试正常

8.17　维修 OPPO R15x 开机界面自动关机故障

收到同行发来的一台 OPPO R15x，故障描述为开机卡在显示 LOGO 界面，10s 左右自动关机，无法进入系统，如图 8-85 所示。

图 8-85　开机卡在显示 LOGO 界面

这种卡 LOGO 重启、自动关机类故障，首先必须排除为软件问题。因为这是同行发来的手机，一般都排除过软件问题了，所以直接进入 REC 模式，在该模式下并未出现自动关机的情况，如图 8-86 所示。

图 8-86　REC 模式

在"ColorOS 恢复模式"选项里点击"在线更新"后会提示"正在搜索 WLAN，请稍候…"，如图 8-87 所示。

图 8-87　搜索 WLAN

显示搜索 WLAN，也就是正在打开 Wi-Fi，让 Wi-Fi 芯片工作，但是过 2s 就关机了，多次尝试都是这样。我们也可以认为，主板 Wi-Fi 功能有短路的情况，导致在开机的时候，系统在自检 Wi-Fi 时导致了自动关机。当在 REC 模式下选择"在线更新"，系统尝试打开 Wi-Fi 时也出现了自动关机的情况。所以，取下主板，找到 Wi-Fi 区域，去掉屏蔽罩，测量 Wi-Fi 芯片周围电容的对地二极体值，如图 8-88 所示。

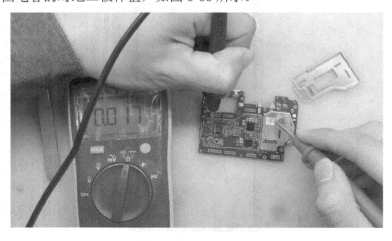

图 8-88　测量 Wi-Fi 周围电容的对地二极体值

测得 Wi-Fi 周围电容的对地二极体值为 17，明显不正常。由于对地二极体值不为 0，所以考虑为芯片问题；如果对地二极体值为 0，考虑为电容问题。直接拆下 Wi-Fi 芯片，如图 8-89 所示。

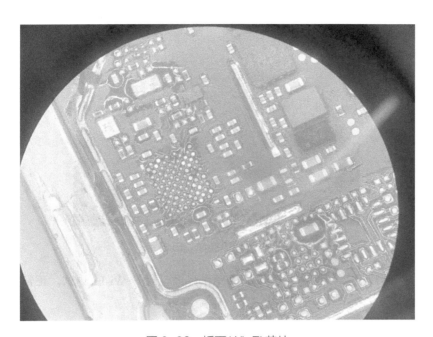

图 8-89　拆下 Wi-Fi 芯片

再次测量电容的对地二极体值，恢复正常，如图 8-90 所示。

图 8-90　电容的对地二极体值恢复正常

拆 Wi-Fi 芯片后，电容的对地二极体值恢复正常，说明 Wi-Fi 芯片损坏。更换 Wi-Fi 芯片，如图 8-91 所示。

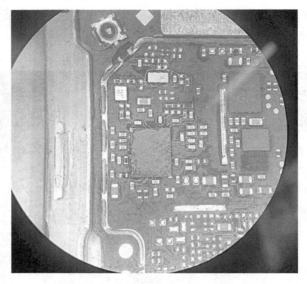

图 8-91　更换 Wi-Fi 芯片

换好 Wi-Fi 芯片后，开机直接进入手机操作界面，打开 Wi-Fi 测试，正常搜索到 Wi-Fi 信号，如图 8-92 所示。维修到此结束。

图 8-92　Wi-Fi 测试正常

8.18　维修 OPPO R17 重摔后无串号、无 Wi-Fi 故障

收到客户发来的一台 OPPO R17 重摔机，故障描述为不显示。目测显示内屏有裂痕，如图 8-93 所示，说明不显示肯定是屏幕的问题。

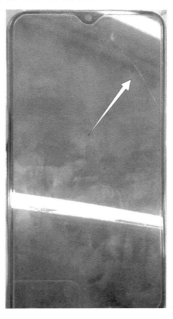

图 8-93　显示内屏有裂痕

更换屏幕后，开机已经可以正常显示，但是在测试过程中，发现手机不读 SIM 卡，也打不开 Wi-Fi，如图 8-94 所示。

图 8-94　打不开 Wi-Fi

在拨号界面输入"*#06#"发现手机无串号。我们可以把这两个故障联想成一个故障，因为高通平台的手机，射频芯片有问题会导致 Wi-Fi 打不开、不读卡、无服务、无基带。

拆下主板，找到射频部分，拆下屏蔽罩，在显微镜下观察发现，射频芯片明显碎裂，如图 8-95 所示。

图 8-95　射频芯片碎裂

射频芯片的型号为 SDR660，取下碎裂芯片，更换一个好的射频芯片，如图 8-96 所示。

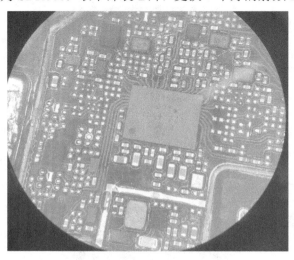

图 8-96　更换好的射频芯片

将主板装到手机中，开机测试，输入"*#06#"正常出串号，如图 8-97 所示。

图 8-97　测试串号正常

打开 WLAN 开关，能正常搜索到 Wi-Fi 信号，如图 8-98 所示。维修到此结束。

图 8-98　Wi-Fi 测试正常

第 9 章　　处理智能手机软件故障

智能手机的操作系统主要是 iOS 和 Android（安卓）两大类。

iOS 系统是封闭的，所以出问题的概率比较低。

安卓系统是开源的，任何个人和企业都可以通过修改其源代码定制自己独特的系统。华为 EMUI、小米 MIUI、魅族 Flyme 等手机操作系统，以及三星、索尼、LG 等手机的操作系统，这些都是 Android 系统，但是具体操作和功能上又有所差别。所以，从某种意义上来说，安卓系统出问题的概率比较大。

软件故障具体又可以分为系统本身故障和第三方软件故障。系统本身故障是指操作系统出现问题，这类故障的概率其实相对比较低，毕竟像 EMUI、MIUI、Flyme 等这类大公司的操作系统都是经过严格测试的，但是那些不知名的小公司定制的操作系统就不一定了。第三方软件导致故障的可能性一般比较高。由于安卓系统碎片化的特性，很多第三方软件并不十分"通用"；而且安卓平台的软件基本上没有严格的审核机制，难免有许多粗制滥造的软件。

如果手机真的出现什么问题了，第一件事就是回忆最近有没有安装过什么软件？有没有更改过什么设置？如果不行就"恢复出厂设置"，再不行就"刷机"。关于恢复出厂设置这个功能，大家应该都不陌生。在功能机时代，就有这个功能了。有的手机可能叫"清除用户数据"，意思差不多，效果都是一样的。有一点需要提醒的是，要提前做好数据备份，如联系人、短信、照片、应用数据等。数据备份的方法有很多，可以导出本地，也可以借助软件网上备份。

刷机操作相对要繁琐一些，现在安卓系统的手机型号有很多，而且每一个型号的手机系统都不太一样。虽然网上有许多号称一键刷机的软件，但不能 100%成功，所以最好的方法就是下载官方软件助手，使用官方刷机包。

9.1　苹果手机刷机

9.1.1　下载常用软件

苹果官方会不定时更新 iOS 系统固件，会自动推送到苹果手机、苹果电脑、苹果平板上，然后引导用户进行升级。在实际维修中，维修人员都是用 iTunes 或者爱思助手对苹果手机、苹果平板进行刷机。

iTunes 是一款苹果官方提供的软件。iTunes 软件的图标如图 9-1 所示。

图 9-1　iTunes 软件的图标

iTunes 是供 Mac 和 PC 使用的一款免费数字媒体播放应用程序，能管理和播放数字音乐和视频。通过 iTunes 可以备份、还原 iPhone、iPad 中的数据，将 iPhone、iPad 恢复至出厂设置以及安装最新的 iOS 软件。

在苹果公司官网上下载 iTunes 软件，下载时需要根据自己电脑系统下载 64 位或者 32 位软件。iTunes 下载界面如图 9-2 所示。

图 9-2　iTunes 下载界面

爱思助手是由国内团队开发的一款专业苹果刷机助手、苹果越狱助手。爱思助手的图标如图 9-3 所示。

图 9-3　爱思助手的图标

爱思助手的下载界面如图 9-4 所示。

图 9-4　爱思助手下载界面

使用爱思助手时必须安装 iTunes，单独安装爱思助手是无法刷机的。使用爱思助手刷机时，爱思助手会在后台调用 iTunes 进行刷机，所以本书只讲解使用 iTunes 进行苹果手机刷机的方法及过程。

9.1.2　备份手机资料

在刷机之前，如果故障机可以进入系统，要先对手机进行资料备份操作。

下面讲解使用 iTunes 备份手机数据、资料的过程。

第 1 步　在电脑上打开 iTunes 软件，手机开机解锁后用数据线连接电脑。

第 2 步　允许电脑访问 iPhone，单击"继续"按钮，如图 9-5 所示。

图 9-5　允许电脑访问 iPhone

第 3 步　在手机上单击"信任"按钮，并输入手机密码，如图 9-6、图 9-7 所示。

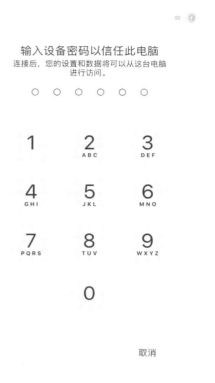

图 9-6　信任电脑　　　　　　　　　　图 9-7　输入手机密码

第 4 步　这时会弹出一个适用您 iPhone 的最新版本的 iOS 系统下载框，先不下载，单击"取消"按钮，如图 9-8 所示。

图 9-8　单击"取消"按钮

第 5 步　单击 iTunes 软件界面左上角设备图标，如图 9-9 所示。

图 9-9　单击设备图标

第 6 步　选择备份到"本电脑"，然后单击"立即备份"按钮，如图 9-10 所示。

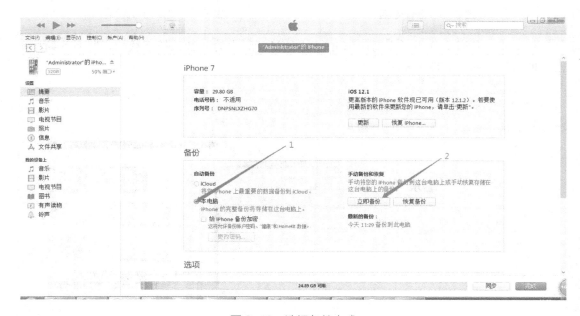

图 9-10　选择备份方式

　　第 7 步　备份时间长短取决于设备内部的数据量，最长可能会有几个小时，等待进度条走完。如果磁盘空间不足会造成备份失败，如图 9-11 和图 9-12 所示。

图 9-11　等待备份完成

图 9-12　磁盘空间不足，备份失败

第8步　备份完成后 iTunes 界面右下角会显示最新备份时间，如图 9-13 所示。

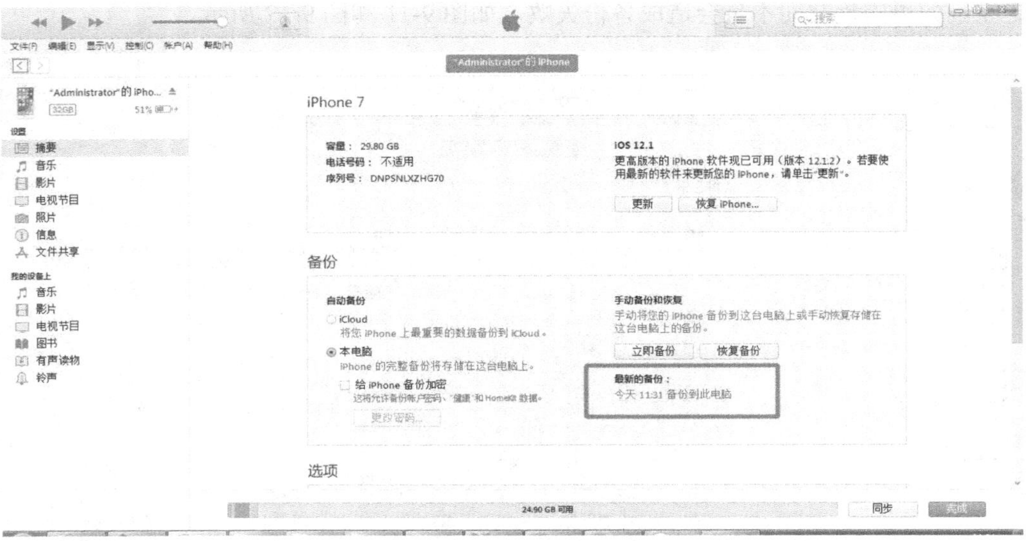

图 9-13　备份完成显示最新时间

9.1.3　下载刷机固件

在刷机时使用 iTunes 软件会自动下载固件，然后再进行写入手机中。由于这样在刷机时先下载再写入手机的时间会很长，所以一般在刷机时，会用爱思助手下载好相应机型的固件到电脑，需要刷机时直接从电脑中调取固件写入手机，会节省大量的时间，同时也比较方便。本节要讲解使用爱思助手下载固件的方法。

第1步　手机开机连接电脑，打开爱思助手，单击"刷机越狱"按钮，如图 9-14 所示。

图 9-14　刷机越狱

第 2 步　单击左栏的"下载固件"选项，如图 9-15 所示。

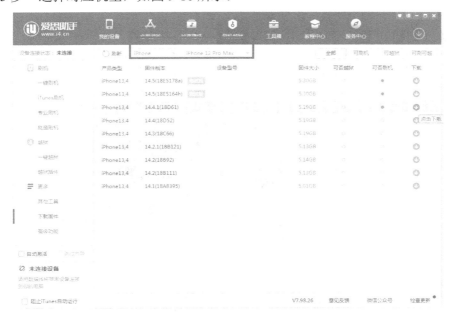

图 9-15　下载固件

第 3 步　选择对应机型，如图 9-16 所示。

图 9-16　选择对应机型

第 4 步　对应机型手机可用的固件包就会显示在页面中，单击下载按钮下载固件，如图 9-17 所示。

图 9-17　下载固件

最好不要下载测试版固件，可能会存在一些问题。

9.1.4　刷机过程

本节主要讲解使用 iTunes 软件刷苹果手机。在刷机操作前要进入刷机模式。苹果手机的刷机模式分两种：一种是恢复模式，一种是 DFU 模式。在恢复模式，手机屏幕会显示一个 iTunes 图标和数据线（见图 9-18）；在 DFU 模式，手机黑屏，屏幕没有任何显示。

图 9-18　恢复模式

第 1 步　进入刷机模式后，iTunes 界面会提示检测到一个处于恢复模式的设备，单击"确定"按钮，如图 9-19 所示。

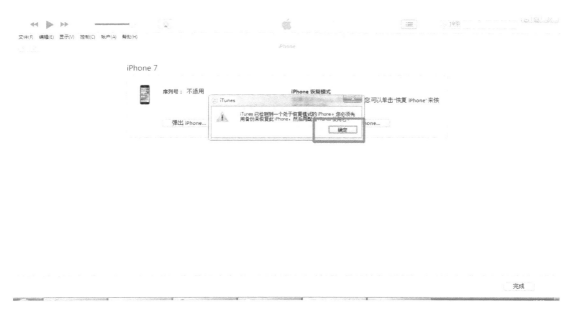

图 9-19　检测到处于恢复模式的设备

第 2 步　按住电脑键盘 Shift 键，单击"恢复 iPhone"按钮，如图 9-20 所示。

图 9-20　恢复 iPhone

第 3 步　选择和设备匹配的固件路径，单击"打开"按钮，如图 9-21 所示。

图 9-21　选择和设备匹配的固件路径

第 4 步　界面提示将手机恢复到所选的软件版本，单击"恢复"按钮，如图 9-22 所示。

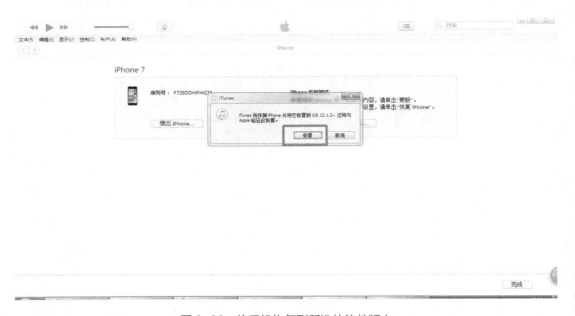

图 9-22　将手机恢复到所选的软件版本

第 5 步　此时 iTunes 界面上部出现一个进度条走动，如图 9-23 所示。

图 9-23　iTunes 界面出现进度条

第 6 步　反复走动几次进度条之后，会提示"欢迎使用您的新 iPhone"，刷机完成，如图 9-24 所示。

图 9-24　刷机完成

9.2　安卓手机刷机

采用安卓系统的手机品牌有华为、小米、OPPO、VIVO 等。

安卓系统使用时间长后，经常会出来卡死、假死、运行慢等故障，可以通过刷机解决。

安卓系统的手机的刷机方法大同小异，本节以华为手机的刷机为例，讲解安卓手机的刷机方法。

9.2.1　下载与安装常用软件

第 1 步　下载华为助手。华为助手的图标如图 9-25 所示。根据电脑系统版本选择 Windows 或者 Mac，如图 9-26 所示。

图 9-25　华为助手的图标

图 9-26　选择电脑系统版本

第 2 步　下载好之后安装并打开华为手机助手，如图 9-27 所示。

图 9-27　华为手机助手

第 3 步　手机通过数据线连接到电脑 USB 接口，会弹出一个页面，显示"是否允许华为助手通过 HDB 模式连接…"，单击"确定"按钮，如图 9-28 所示。

图 9-28　允许华为助手通过 HDB 模式连接电脑

第 4 步　手机会弹出一个电脑连接验证码，把手机页面显示的验证码输入电脑，如图 9-29 所示。

图 9-29　输入验证码

第 5 步 输完验证码之后，手机正式连接到电脑，如图 9-30 所示。

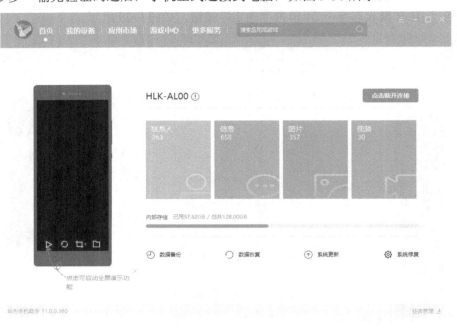

图 9-30 手机成功连接电脑

9.2.2 备份手机资料

第 1 步 在华为手机助手中单击"数据备份"按钮，如图 9-31 所示。

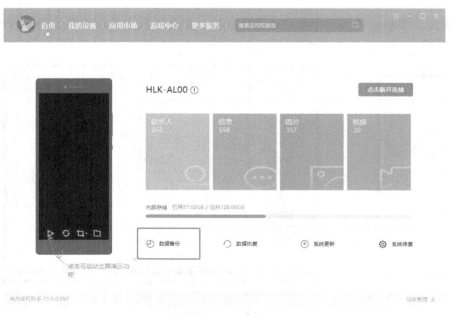

图 9-31 单击"数据备份"按钮

第 2 步　电脑会默认备份文件存放路径，也可以自行选择备份路径，如图 9-32 所示。

图 9-32　选择文件备份路径

第 3 步　备份路径设置完毕后，勾选需要备份的资料，单击"开始备份"按钮，如图 9-33 所示。

图 9-33　开始备份

第 4 步　弹出一个"备份文件加密设置"，备份密码必须为大写字母、小写字母、数字三种字符组成，不低于 8 位，设置完毕后单击"确定"按钮，如图 9-34 所示。

图 9-34　备份文件加密设置

第 5 步　备份进度条开始走动（见图 9-35），走动完毕后提示完成，此时需要备份的数据已经存到电脑里面了，如图 9-36 所示。

图 9-35　备份进度条开始走动

222

图 9-36　备份完成

9.2.3　刷机过程

打开华为助手，把手机按照 9.2.1 节所述方法连接到电脑。

华为助手有两种刷机方式：一种是系统更新，可以更新系统版本；另一种是系统修复，针对软件故障导致的系统问题进行修复。

下面以系统修复为例，讲解刷机过程。

第 1 步　在刷机界面（见图 9-37）单击"系统修复"按钮，然后单击"继续"按钮，如图 9-38 所示。

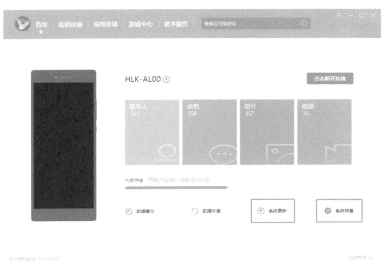

图 9-37　刷机界面

图 9-38 单击"继续"按钮

第 2 步 根据页面提示，按手机相应按键进入刷机模式，如图 9-39 所示。

图 9-39 根据页面提示进入刷机模式